KB234283

노르웨이
베르겐
오슬로
스톡홀름
스웨덴
덴마크
영국
벨기에
독일
체코
프랑스
스위스
오스트리아
이탈리아
흐바르
포르투갈
스페인

핀란드
러시아
탈린
상트페테르부르크
리가
라트비아
샤울리아이
리투아니아
란드
헝가리
브니크

예술이 좋아 떠나는 유럽

공연 소개하는 여자 윤하정의
예술이 좋아 떠나는 유럽

초판 1쇄 인쇄 2015년 3월 12일
초판 1쇄 발행 2015년 3월 19일

글·사진 윤하정

펴낸이 김찬희
펴낸곳 끌리는책

출판등록 신고번호 제25100-2011-000073호
주소 서울시 구로구 오류동 109-1 재도빌딩 206호
전화 영업부 (02)335-6936 편집부 (02)2060-5821
팩스 (02)335-0550
이메일 happybookpub@gmail.com

ISBN 978-89-90856-72-2 14980
        978-89-90856-73-9 (세트)
값 10,000원

• 잘못된 책은 구입하신 서점에서 교환해드립니다.
• 이 책 내용의 일부 또는 전부를 재사용하려면 반드시 사전에 저작권자와 출판권자의 동의를
  얻어야 합니다.
• 이 도서의 국립중앙도서관 출판예정도서목록(CIP)은 서지정보유통지원시스템 홈페이지
  (http://seoji.nl.go.kr)와 국가자료공동목록시스템(http://www.nl.go.kr/kolisnet)에서 이용하실 수 있습니다.
  (CIP제어번호: CIP2015005568)

예술이 좋아 떠나는 유럽

글·사진 윤하정

스톡홀름 · 베르겐 · 오슬로 ·
상트페테르부르크 · 두브로브니크 · 흐바르 · 발트3국

　우리가 예술이라 부르는 문학과 미술, 음악은 긴밀하게 연결돼 있다. 이들은 또다시 연극과 오페라, 발레, 뮤지컬 등 수많은 공연예술로 파생돼 무대를 가득 채운다. 예를 들어 푸슈킨의 '예브게니 오네긴'은 차이콥스키의 음악을 만나 오페라로, 존 크랑코의 안무를 통해 발레로 태어나 전혀 다른 감동을 주지 않던가.

　인간관계도 좁고 입도 짧은 내가 유일하게 방대한 오지랖을 자랑하는 것이 있다면 예술, 아니 이 말은 너무 거창하고, 그냥 '사람이 사랑하고 살아가는 이야기에 대한 관심'이 아닐까 한다. 이 관심은 가히 시대와 장르를 가리지 않았으니 유럽에서 나는 꽤나 바빴다. 그간 내 마음을 움직인 그 사연 속의 인물을 만나느라, 그 사연의 배경이 된 현장을 찾아가느라 공연장으로, 미술관으로, 때로는 도시 전체를 누벼야 했다. 영국 출신 셰익스피어의 《로미오와 줄리엣》은 프랑스에서 오페라와 뮤지컬로도 만들어졌는데, 파리에서 뮤지컬을 보는 것은 물론이고 작품의 배경이 된 이탈리아 베로나까지 찾아가보고 싶었던 것이다. 뿐만 아니라 공연예술의 종합판인 각종 축제를 쫓아다니느라 유럽여행을 할 때면 응당 구매하는 유레일패스 따위는 구경도 못한 채 영국에서 스위스로, 스페인에서 러시아로, 노르웨이에서 크로아티아로 경제적이지도, 효율적이지도 못한 동선을 고집해야만 했다.

그래서 책을 쓸 때도 일정한 순서를 잡기가 쉽지 않았다. 서유럽에서 동유럽으로, 북유럽에서 지중해로 이동한 것도 아니고, 몇 년에 걸쳐 여러 번 찾아간 곳도 있기 때문이다. 고심하던 끝에 마음으로부터의 접근성, 친숙함을 기준으로 책을 나눠보았다.

《공연을 보러 떠나는 유럽》은 유럽여행하면 쉽게 떠올리는 곳, 도시 전체가 복합문화공간처럼 즐길 거리가 넘쳐나는 곳이다.《축제를 즐기러 떠나는 유럽》에서는 조금은 낯선 이름만큼 찾아가기도 번거롭지만 '사랑하고 살아가는 것'에 더욱 집중할 수 있는 곳을 소개했다. 마지막으로《예술이 좋아 떠나는 유럽》에서 찾아간 곳은 여타 여행서에도 많이 소개되지 않은 도시들이다. 아직은 생소한 그곳에서 자기만의 특별한 그림을 그려봤으면 좋겠다.

여행은 스스로에게 줄 수 있는 가장 큰 선물이라고 생각한다. 그러니 패키지를 어떻게 구성할지도 순전히 자기 몫이다. 나는 마음을 나누고 소통하는 것에 집중했다. 그동안 무대에서, 책에서, 음악에서, 그림에서 만났던 수많은 인물들을 찾아가 대화를 나눴고, 서로를 다독였고 위로했다. 철저히 혼자였지만, 신기하게도 수많은 나와 마주할 수 있었다. 나와 같은 패키지를 구성하고 싶다면 이 책이 작은 힌트가 되길 바란다.

여행을 하는 동안은 물론이고 서울에 돌아와서도 새로운 사람을 만날 때면 항상 똑같은 질문을 받아야만 했다.

"특별한 이유가 있어요?"

아마도 여행의 목적이나 굳이 사직까지 하면서 여행을 떠난 이유 등을 묻는 것 같은데, 깊게 고민해보지 않은 나는 '자체 안식년이었다는 둥, 어딘가에서 먼 북소리가 들렸다는 둥, 유럽의 페스티벌과 공연을 직접 취재하고 싶었다는 둥' 때마다 그냥 생각나는 말로 대답했던 것 같다.

그러다 어느 날은 곰곰이 생각해봤다. 그러게, 나는 왜 익숙한 생활을 접고 멀고도 기나긴 여행을 떠났을까?

문득 프랑스의 여성 작가 아니 에르노가 《단순한 열정》에서 했던 말이 생각났다.

"그 사람 덕분에 나는 남들과 나를 구분시켜주는 어떤 한계 가까이에, 어쩌면 그 한계를 뛰어넘는 곳까지 접근할 수 있었다. 나는 내 온몸으로 남들과는 다르게 시간을 헤아리며 살았다."

　그래, 그것은 어떤 말이나 글로 규정할 수 없는 그저 단순한 열정이었는지 모르겠다. 오랫동안 내 안에 보글보글 끓던 무언가가 나를 궤도 밖으로 밀어냈고, 결국은 유럽 공연여행이라는 이름으로, 평소의 나로서는 도저히 감행할 수 없는 시간과 공간을 여행하게 했다. 이 책에 있는 여행지들이 그것을 가장 극명하게 대변하고 있지 않을까. 나는 공연을 보기 위해 북유럽을 여행했고, 러시아와 발트 3국, 크로아티아까지 발을 디뎠다. 공연과 페스티벌을 즐기겠다는 것이 표면적인 이유였지만, 그것은 분명히 남들과 나를 구분 짓는 어떤 한계, 또는 그 한계 너머로의 접근을 위한 열정이었다고 생각한다. 하긴, 열정 없는 여행만큼 무의미한 것이 있을까?

Contents

현재를 즐기다
_두브로브니크에서 흐바르 94

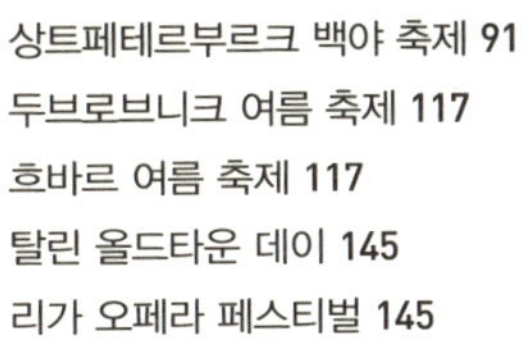

마음의 십자가를 내려놓다
_발트3국 120

공연소개

Stockholm

길을
잃다

● 스톡홀름 ●

축제를 따라 공연여행 중이라고 하면 유럽에 페스티벌이 그렇게 많냐고 물어오는 사람들이 있다. 물론 많다, 헤아릴 수 없을 정도로! 나는 뮤직(음악의 장르만 따져도 클래식, 재즈, 팝, 록, 일렉트로닉 등 얼마나 다양한가) 페스티벌에만 집중하고 있는데도 분신을 만들어 권역별로 보내고 싶을 지경이다. 그런데 홀로 음악 여행을 할 때 가장 소화하기 힘든 장르는 록인 것 같다. 좌석이 있는 공연은 좀 낫지만, 록 페스티벌은 캠핑과 스탠딩을 끌어안고 가야 하기 때문이다. 혼자 캠핑을 하는 것도 힘들지만, 홀로 스탠딩 공연을 즐기는 것도 참 '거시기' 하다. 여기는 어디까지나 유럽이고 혼자인 나는 얼마나 생경해 보이겠는가.

하지만 좋아하는 것에 대한 나의 집념은 다소 집착에 가까워서 캠핑이 의무가 아닌 몇몇 록 페스티벌을 주의 깊게 살피고 있었다. 국제적인 라인업을 자랑하면서 페스티벌 외에 주변 도시에서 즐길 거리가 있을 것, 이왕이면 한국에 많이 알려지지 않은 곳. 그렇게 나는 서너 개 록 페스티벌을 선택했고, 다행히 몇 곳은 지인들과 동행해서 마음껏 축제를 즐겼다. 그런데 위의 조건에 가장 잘 들어맞은 한 곳은 홀로 가야 했다. 생소한 축제인 데다가 그곳에 사는 한국인도 드물어서 완벽하게 백지 상태에서 페스티벌과 만나야 했다. 바로 스웨덴의 대표 록 축제인 훌츠프레드 페스티벌 Hultsfred Festival. 이 페스티벌을 즐기기 위해 나는 몇 번이나 길을 잃어야만 했던가!

훌츠프레드 페스티벌을 찾아서

스톡홀름 알란다 공항에 도착해 짐을 찾으러 가는데 전설적인 팝그룹 아바의 캐리커처 인형이 눈에 들어온다. 여행객들은 자신의 짐이 나올 때까지 돌아가는 컨테이너 벨트 앞에서 열심히 카메라를 눌러댄다. 스웨덴은 클래식에서 팝, 재즈에 이르기까지 영국과는 또 다른 분위기의 음악시장을 형성하고 있다. 우리나라에서도 인기 있는 스웨덴 출신 뮤지션들이 꽤 있다. 나는 아바, 록시트, 에이스 오브 베이스, 카디건스, 야

알란다 공항의 아바 캐리커처 인형 "스톡홀롬에 온 걸 환영해요!"

키다, 제시카 등 스웨덴 여가수들의 물을 머금은 듯 차분하면서도 숲 속에 울려 퍼지는 듯한 깊은 음성을 좋아한다. 그래서 스웨덴에서 열리는 뮤직 페스티벌에 더 오고 싶었나 보다. 게다가 북유럽의 대자연에서 열리는 음악 축제라면 더 멋질 것이라고 생각했다. 이런 내 마음에 딱 들어맞은 축제가 훌츠프레드 페스티벌이었다.

훌츠프레드 페스티벌은 1986년 인구 1만 명의 숲 속 마을 훌츠프레드에서 시작된 스웨덴의 대표적인 여름 록 페스티벌이다. 처음에는 스웨덴과 북유럽 출신 뮤지션들을 중심으로 무대를 꾸렸지만 해가 거듭되면서 세계적인 스타들이 참여하는 축제로 변모했다. 블랙 사바스, 라디오헤드, 비요크, 림프 비즈킷, 블러, 케미컬 브라더스, 오아시스, 팻보이 슬

예술이 좋아 떠나는 유럽

림, 플라시보 등이 이미 숲 속에 다녀갔다. 2000년대 들어서는 티켓 판매고가 해마다 2만 5천여 장을 기록했다고 하니 그 열기가 대단했을 것이다. 내가 이곳에서(길을 헤매며) 만난 많은 스웨덴 사람들도 훌츠프레드 페스티벌을 알고 있었으니까. 하지만 그들은 훌츠프레드 페스티벌을 두고 '유명했다'라고 말했다. 지금은 예전만큼은 못하다고.

그도 그럴 것이 2000년대 후반 비싼 티켓 값과 부실한 라인업으로 고전하던 페스티벌은 급기야 2010년에는 취소되고 말았다. 이듬해부터는 독일의 대형 기획사에 의해 명맥을 이어왔는데, 2013년 놀라운 변화를 시도했다. 바로 '훌츠프레드 스톡홀름에 가다 Hultsfred goes Stockholm!'라는 타이틀로 페스티벌 개최지를 스톡홀름 외곽의 스톡사로 옮긴 것이다. 스톡사는 알란다 공항에서 10분 거리. 나는 공항 근처에 숙소를 예약했으니 이제 페스티벌 현장에 찾아가기만 하면 된다.

그런데 문제가 생겼다. 찾아가는 방법을 모르겠다. 국제적인 축제인데도 훌츠프레드 페스티벌 홈페이지에는 영어 전환 기능이 없었다. 국민 대다수가 영어를 모국어처럼 자유자재로 말하는 스웨덴에서 이 무슨 말도 안 되는 상황이란 말인가? 숱하게 이메일을 보내고 국제전화까지 걸었다. 축제를 취재하고 싶으니 웹사이트에 영어 버전을 만들어달라고 요청했다. 취재지원 팀에 여러 번 도움을 요청했지만 제대로 된 답을 얻을 수 없었던 나는 급기야 런던에서 알게 된 일본인 유키코의 스웨덴 친구까지 동원했다. 친구라고는 하지만 그네들은 50대, 유키코 역시 이런 일로 도움을 청할 정도의 사이는 아니었다. 하지만 앞서 말했듯 이럴 때 나의 집념 또는 집착은 대단한 것 같다. 도와달라고 매달렸다.

유키코의 스웨덴 친구 이름은 마리아. 페스티벌이 열리는 스톡사와는 반대편의 스톡홀름 교외에 살고 있었다. 마리아는 페스티벌과 관련된 중요한 정보들을 번역해서 이메일로 보내주었다. 하지만 페스티벌 현장에 찾아가는 방법은 좀 모호하다며, 알란다 공항에 인포메이션 센터가 있으니 그곳에서 도움을 받는 게 좋을 것 같다고 말했다.

알란다 공항의 인포메이션 센터는 훌륭했다. 크고 쾌적하고 다양한 가이드 책자도 구비되어 있다. 홀츠프레드 페스티벌에 가는 방법을 알려달라는 내 요청에 직원은 페스티벌에 관련된 안내문을 들고 한참을 들여다봤다. 처음에는 마냥 상냥한 얼굴이었는데, 그녀의 표정이 점점 모호해졌다. 공항에서 거리는 가까운데 찾아가는 방법이 애매하다는 것이다. 그리고 밤에 돌아올 일도 걱정된다고. 페스티벌 셔틀버스가 도착하는 정류장 주변에는 늦은 시각에 이용할 수 있는 대중교통이 없단다. 다른 직원이 가세했고, 그들은 여기저기에 전화를 걸고 검색을 하더니 최상으로 생각되는 방법을 메모해주었다. 두 명의 직원이 대략 30분을 매달린 것 같다. 이렇게 고마울 수가. 그들은 잘 찾아가서 멋진 시간을 보내라고 응원까지 해주었다.

숙소는 공항에서 무료 셔틀버스를 타면 10분이면 도착할 수 있는 곳을 예약해두었기 때문에 서둘러 짐을 풀고 대장정에 나섰다. 공항으로 되돌아가서 인포에서 알려준 다른 셔틀버스를 타고 페스티벌 버스가 선다는 정류장에 내렸다. 그런데 버스를 기다리고 있자니 인포 직원이 나의 귀갓길을 걱정한 이유를 알겠다. 이건 마치 변두리의 물류창고 같다.

예술이 좋아 떠나는 유럽

호수의 도시 스톡홀름

정류장 뒤편에 커다란 건물이 있을 뿐 허허벌판 같은 데다 인적도 드물다. 그 어디에도 페스티벌과 관련된 표시는 보이지 않고, 가끔 오는 노선 버스들도 페스티벌과는 전혀 무관해 보인다. 게다가 하늘이 컴컴해지더니 비바람이 불어온다.

나는 과연 페스티벌 현장에 갈 수 있을까? 제대로 즐길 수 있을까? 무사히 돌아올 수 있을까? 모자를 뒤집어쓰고 점퍼 지퍼를 목까지 채웠는데도 으슬으슬 한기가 든다.

페스티벌을 포기하다

그렇게 30분을 기다렸나 보다. 그러고 보니 이 정류장에 데려다준 공항 셔틀버스도 종적을 감췄다. 때마침 지나가던 건장한 남자가 이 외딴 곳에 조그마한 동양인이 있는 것이 아무래도 이상했는지 도움이 필요하냐고 묻는다. 이 사람에게 페스티벌을 물어봐야 소용없을 것 같아 공항 버스에 대해 물었더니, 이곳은 인적이 드물어 건물 안에 있는 버튼을 눌러야만 버스가 온다는 것이다. 아, 그런 거였구나. 오늘 킹스 오브 컨비니언스 공연이 있는데……. 하지만 그들을 보자고 이 비바람 속에 낯선 땅을 헤맬 수는 없을 것 같았다. 쉽사리 발이 떨어지지 않았지만 결국 공항으로 되돌아갔다. 갑자기 킹스 오브 컨비니언스의 '홈식Homesick'이 귓가를 맴돈다.

아직 초저녁인데 비행기 창밖으로 시커먼 비바람이 몰아친다. 그래, 페스티벌에 가지 않길 잘했어! 알란다 공항 인근 벌판에는 덩그러니 비행기 한 대가 서 있는데, 바로 내가 머물고 있는 호텔이다. 여객기를 개조해서 만들었는데 꽤 인기가 높아 어렵게 한자리를 구했다. 스웨덴에는 비행기 외에 운하 위에 떠 있는 선박 숙소도 있고, 북유럽의 디자인 감각을 유감없이 즐길 수 있는 이색 호텔도 많다. 문제는 예약하기가 힘들다는 것이다. 세계에서 가장 아름다운 수도 가운데 한 곳으로 꼽히는 스톡홀름에서는 각종 국제 행사나 학술제, 전시회가 끊이지 않아서 웬만한 호텔들은 항상 만원이다. 게다가 물가 비싼 북유럽답게 가격이 만

실제 여객기를 개조한 비행기 호텔

만치 않다. 그런 점들을 감안하면 이 비행기는 무척 쾌적한 데다 가격도 적당해 마음에 든다.

공항에서 배를 채우고 숙소로 돌아와서는 그대로 깊은 잠에 빠져버렸다. 등 따숩고 배불러서인지 허허벌판에서 느껴야 했던 두려움과 쓸쓸함이 많이 누그러졌다. 내일은 이곳에서 기차로 한 시간 거리에 있는 마리아의 집에 가야 한다.

사람들은 곧잘 인생을 여행에 비유한다. 계획대로 되지 않고 예측할 수 없다고. 내가 장기적으로 유럽 여행에 나설 때 어떤 사람들은 너무 많이 준비하지 말고 그냥 부딪혀보라고 했다. 하지만 나는 페스티벌 일정에 맞춰 유럽을 종횡무진 누벼야 하니 꽤 정확한 스케줄이 필요했다. 또 가이드북을 들고 A에서 Z까지 찾아다닐 마음은 없지만, 기본적인 정보는 알고 있어야 정말 가고 싶은 곳을 놓치지 않는다는 생각도 있었다. 그런데 하나도 계획할 수 없었던 곳이 스웨덴이다. 들고나는 비행기 편과 여객기 숙소를 제외하고는 페스티벌 티켓도 스톡홀름 시내 호텔도 구하지 못했다. 여행 고수들처럼 '그래 일단 가보자. 무슨 수가 있겠지. 그다음은 그때 가서 생각하자'는 마음으로 날아올 수밖에 없었다.

고수는커녕 낯선 것을 두려워하는 나로서는 엄청난 모험이었고, 그래서 계획이 어긋나자 지금 어찌해야 할지 모르겠다. 여기까지 고집 피워왔는데 페스티벌도 놓치고 이렇게 방에 갇혀 있다니……. 북유럽은 이미 백야가 시작됐는데 비바람 때문인지 창밖이 어둡다. 그래서인지 또다시 잠이 온다.

다시 훌츠프레드 페스티벌을 찾아서

눈부신 햇살이 나를 깨운다. 비행기 창밖으로 하늘에 뭉게뭉게 떠 있는 솜사탕 같은 구름이 보인다. 밖으로 나가보니 초록 들판에 푸른 하늘, 뭉게구름, 눈부신 햇살까지. 강아지처럼 뛰어다니고 싶은 심정이다. 화창한 날씨 때문일까, 아니면 하룻밤 잤다고 스웨덴의 낯선 느낌이 조금은 가신 걸까? 이상야릇한 용기가 솟아나고 있다. 그래, 결심했어! 일단 마리아 집으로 가자. 페스티벌은 오늘까지니까 다시 도전하는 거야. 스톡홀름에서 찾아가는 사람들이 훨씬 많을 테니까 분명히 다른 방법이 있을 거야!

그러고 보니 유키코의 친구인 마리아도 제대로 모르는데 오늘 그녀의

북유럽의 여유가 묻어나는 스톡홀름

가족들까지 만나야 한다. 스톡홀름에서 숙소를 구하지 못해 애를 먹는 내게 마리아는 선뜻 자기 집에서 머물라고 제안했다. 무척 고마운 일이 지만 낯을 많이 가리는 나(나는 절대 사교적이거나 친화적인 사람이 아니다. 그렇게 보인다면 에너지를 그러모아 '오버' 하고 있는 것이다)로서는 정말 피하고 싶은 상황이었다. 그래, 스웨덴에서는 정말 여행다운 여행을 하나 보다. 무계획, 헤매기, 신세 지기.

　마리아의 집은 스톡홀름 교외에 있는 이층집인데 숲 속의 별장처럼 주위에는 키 큰 나무들이 가득했다. 조금만 걸어가면 호수도 있단다. 주말이어서 집에는 마리아의 남편과 두 딸도 있다. 집에 동양인이 방문하는 게 처음인지, 아니면 나이는 배나 많으면서 자기들보다 한참 작은 키 때문인지 딸들이 나를 흥미롭게 바라본다. 마리아 부부는 오래전에 오사카에서 생활한 적이 있다더니, 집 안 곳곳에 일본 인형이며 그림들이 있다. 그들은 내게 런던에서 대학을 다닌다는 아들의 방을 내주었고, 늦은 점심으로 연어 스테이크를 함께 먹자고 했다.

마리아의 남편 마이클은 음악을 좋아해서 내가 유럽 공연여행 중이라는 말에 관심을 보였다. 그리고 훌츠프레드 페스티벌에 대해서도 얘기해주었다. 예전에는 그 명성이 대단했고 그들도 간 적이 있다고 했다. 어제 일을 설명하고 오늘 다시 가볼 생각이라고 했더니, 그들은 컴퓨터를 켜고 이것저것 검색에 나섰다. 마리아는 집에서 출발해 다시 돌아오는 방법까지 꼼꼼히 적어주었다. 나는 다시 기차를 타고 오전에 달려왔던 그 길을 되돌아 공항 인근 기차역까지 찾아갔다. 나의 집념 또는 집착에 박수!

하지만 페스티벌 셔틀버스가 있다는 기차역에는 역시나 아무런 표시가 없었다. 기차역 직원에게 물어도 셔틀버스가 있는 건 맞는데 자세히는 모르겠다고 했다. 나는 급기야 사람을 훑기 시작했다. 페스티벌 고어를 찾아라! 그리고 잠시 후 맥주를 병째 홀짝이고 있는, 모자부터 발끝까지 블랙으로 코디한, 분위기가 범상치 않은 한 남자를 발견했다.

"혹시 페스티벌에 가는 버스 어디에서 타는지 알아?"

"음, 나도 가야 하는데 몰라서 일단 한잔하고 있는 거야."

"그럼 페스티벌 관계자랑 통화 좀 해볼래?"

나는 프레스 담당자에게 전화를 걸었다. 그동안 취재 신청에 제대로

답장도 없던 그녀는 대뜸 "도착했니? 너를 기다리고 있었어!"라며 다시 없을 반가움을 표했다. 어쨌든 접속은 이루어졌고, 페스티벌 고어는 맥주를 비우더니 '렛츠고!'라는 익숙한 말로 나를 안심시켰다. 버스 안에서 그와 이런저런 얘기를 나누는 사이, 어제 두려움 속에 기다렸던 물류창고 앞 버스 정류장이 창밖으로 보였다. 인포에서 바른 정보를 주긴 했던 것이다. 오늘처럼 어떤 버스를 어떻게 타야 하는지 아무런 표시가 없었을 뿐.

페스티벌 개최지인 스톡사에 가까워지고 있는지 버스는 스톡홀름 도심을 벗어나 어느덧 숲 속을 달리고 있다. 수도에서 10분 거리에 이런 곳이 있다는 게 신기하다. 하긴 마리아의 집도 그랬지. 이것이 스웨덴의 매력일 테고. 하늘 아래 나무와 들판 외에 별다른 시설물이 보이지 않는 이곳은 평소 설치예술이나 자동차 야외 전시장으로 이용된다고 한다. 현장에서 티켓을 구입할 생각으로 왔는데 다행히 프레스 명단에 내 이름이 있어서 입장부터는 수월했다. 간이 천막으로 조성된 프레스룸에 들어서자 일제히 나를 쳐다본다. 이럴 때 이 표현은 얼마나 적확한가! 뻘쭘하다.

"기자? 어디에서 왔어?" 현지 기자라는 한 남자가 카페인을 충전하고 있는 내 옆에서 비스킷을 뜯어 먹으며 물어온다.

"한국, 물론 남쪽이고."

"와우, 아시아에서 이 페스티벌을 취재하러 온 건 처음 봐."

"응. 내가 처음으로 기사를 써보고 싶었어. 그런데 명성이 예전만큼은 못하다며?"

홀로 훌츠프레드 록 페스티벌 현장을 누비다!

"그렇지. 하지만 다시 시작했으니까 점점 나아질 거야. 스톡홀름이라 접근성도 훨씬 좋아졌고."

"내년에도 '훌츠프레드'라는 이름을 쓸까?"

"아니, 아마 올해가 마지막일 거야."

"그럼 난 마지막 훌츠프레드 페스티벌에 온 거네?"

"그렇지. 아주 의미 있는 페스티벌에 온 거야. 하하하."

대자연 속에 마련된 다섯 개의 스테이지를 누비며, 나로서는 정말이지 백지 상태에서 여기까지 찾아왔다는 뿌듯함이 뒤섞여 장장 이틀에 걸친 고생을 잠시나마 잊을 수 있었다. 중간 규모의 페스티벌은 스테이지를 이동하기도 쉽고 대체로 깨끗하게 조성돼 있어서 무엇보다 좋았다. 한여름에도 선선한 날씨 때문인지 록 페스티벌의 뜨거운 열기보다는 느긋한 즐김도 또 다른 매력이다. 그래도 라인업을 따라 뛰어다니거

나 무대 앞을 고수하기 위해 일찌감치 진을 치고 있는 친구들을 보니 어디에나 열성 팬들은 있구나 싶었다. 캠핑족이 궁금해할 부대시설도 좋은 편이다. 캠핑장을 중심으로 곳곳에 샤워실과 화장실이 갖춰져 있고, 음식이나 음료도 쉽게 사먹을 수 있다.

그런데 여기 사람들은 왜 이렇게 큰가? 마치 군살 없는 삼나무 같다. 모두가 이 지역 숲에서 봤던 나무들처럼 길고 가늘어서 유독 작은 내가 더욱 이질적으로 느껴진다. 물론 동양인은 눈을 씻고 봐도 없다. 하긴 신경 쓸 게 뭐 있나? 자연의 품에 안겨 인간 본연의 모습으로 좀 더 자유롭게 즐기자는 게 록 페스티벌의 취지이기도 한데. 그래서 영국의 글래스톤베리 페스티벌에서는 사흘 동안 '먹고 씻고 싸는' 일이 상상을 초월하는 방식으로 이뤄지는데도 해마다 티켓이 동나고, 덴마크의 로스킬데 페스티벌에서는 남녀가 누드로 달리기를 하며 해방감을 맛보는 것이겠지. 저기 맥주 캔을 주렁주렁 매고 춤을 추는 남자, 수박 껍질을 모자처럼 쓰고 포즈를 잡은 남자, 생명의 위협을 느낄 만도 한데 스탠딩 인파 속에 버젓이 누워서 무대를 즐기는 사람까지. 이 넘치는 자유로움이 야외에서 펼쳐지는 뮤직 페스티벌의 매력 아니던가!

참, 홀츠프레드 페스티벌에는 또 다른 비장의 무기가 있는데, 바로 대자연에서 음악과 함께 만나는 백야다! 한참 음악에 취해 있다 다소 붉어진 공기에 고개를 들어보면 하얀 구름과 빽빽한 나무 사이로 해가 붉게 타고 있다. 밤 10시에 말이다.

오늘의 헤드라이너가 아크틱 몽키스던가, 팻 보이 슬림이던가……

페스티벌을 즐기는 이색 관객들

페스티벌을 즐기는 이색 관객들

여하튼 나는 마리아의 집에 머물고 있으니 너무 늦는 건 예의가 아닐 듯하다. 지금 출발해도 새벽 1시가 넘어서 도착한다. 훌츠프레드 페스티벌의 또 다른 장점은 나처럼 대자연에 완전히 몸을 의탁할 수 없는, 이미 도시인으로 진화된 사람들도 캠핑을 하지 않고 즐길 수 있다는 것이다. 일일권을 구입할 수 있고, 자정이 넘은 시각에도 시내로 돌아가는 셔틀버스가 있다. 스톡홀름은 대중교통이 밤늦도록 운행되니 연계 교통수단도 걱정 없다. 물론 길을 잃지 않는다면 말이다.

사실 나는 귀갓길에도 잠깐 길을 잃었다. 분명히 운전기사에게 확인하고 탔는데도 귀신에 홀린 듯 버스는 내가 출발했던 기차역이 아닌 다른 목적지로 가는 게 아닌가. 이런 걸 육감이라고 하나? 비슷해 보이는 숲인데도 이상하게 올 때와 다르다는 느낌이 들었고, 순간 내 얼굴은 스웨덴 영화 〈렛미인〉의 오스칼처럼 하얗고 이엘리처럼 창백하게 질렸다. 자정에 이 숲 속에서 무작정 내릴 수도 없고 어떻게 해야 하나? 노숙을 해야 하나? 국제 미아가 되는 건 아닐까? 물가 비싼 스웨덴에서 마리아네 집까지 택시를 타면 요금 폭탄을 맞겠지? 내 얼굴에서 핏기가 사라진 것이 느껴질 정도로 공포에 떨고 있다. 그런데 옆 사람이 이 셔틀버스의 목적지가 내가 원하는 곳은 아니지만 거기에서 기차를 타면 나의 최종 목적지까지 갈 수 있다고 알려주었다. 처음에 물어볼 때 얘기해주지! 나 울 뻔했단 말이야!

스톡홀름에서 노벨상을 받다

　수도 없이 길을 헤매며 마음을 졸인 탓인지 마리아의 아들 방에서 단잠에 빠져들었다. 동방예의지국 출신인 내가 결국 그 집에서 가장 늦게 일어났고, 그럼에도 꿋꿋하게 다시 옷을 챙겨 입고 스톡홀름 시내로 나갔다. 14개의 섬이 57개의 다리로 이어져 있다는 녹색 도시 스톡홀름. 중앙역에서 내려 밖으로 나가자 반짝이는 호수들이 비타민처럼 스며든다. 공원 사이로 걷다 보니 붉은 벽돌 건물이 보인다. 노벨상 수상 축하 만찬회가 열린다는 시청사다. 시청사의 아치 사이로 내다보이는 파란

스톡홀름 시청사

호수는 정말 장관이다. 사진을 찍는 것도 귀찮고, 벤치에 앉아 푸른 하늘 아래 얼굴을 들이밀고 실컷 광합성이나 해야겠다.

반짝이는 호수를 따라 몇몇 다리를 건너다 보니 사람들이 부쩍 많아졌다. 스톡홀름의 구시가지 감라스탄이란다. 중세 분위기를 느낄 수 있는 색색의 오래된 건물이 빽빽이 들어서 있고, 그 사이로 좁은 골목들이 운치를 더하는 곳이다. 스톡홀름 최고의 명소답게 레스토랑과 노천카페에는 여유로운 한때를 즐기는 사람들로 가득하고, 광장에서 기타를 치며 노래하는 스웨덴 여인의 청아한 음색이 깊은 울림을 준다.

예술이 좋아 떠나는 유럽

　사실 스톡홀름에서도 공연을 보려고 마리아에게 부탁해놓은 것이 있는데, 마리아가 가볼 만한 곳을 더 적어주었지만 오늘은 그냥 발길 닿는 대로 가보련다. 그래, 나는 여행 중이잖아. 계획대로 할 수 없을 때가 있다면, 계획대로 하지 않아도 될 때도 있다. 저 호수의 반짝임은, 저 골목의 운치는, 저 여인의 청아한 노랫소리는 내 계획에도 가이드북에도 없지만 충분히 멋지지 않은가.

　스톡홀름에서 나는 나만의 노벨상을 받은 기분이다. '선함'이 무슨 소용이 있을까, 의심한 적이 있다. 양심에 귀 기울이고 선의로 사람을 대하고, 차마 악한 마음은 행동에 옮길 수가 없었다. 하지만 그 반대의 경우를 만날 때면 마치 조롱이라도 받는 기분이었다. 과연 신은 존재하는지. 그런데 스웨덴에 도착하는 순간부터 얼마나 많은 도움을 받았는지, 얼마나 감사할 일이 많았는지. 순간순간 최악의 상황으로 갈 수도 있었지

앙증맞은 건물과 골목이 조화를 이룬 감라스탄

만 매번 구원의 손길이 닿았고, 나는 지금 이렇게 햇살 아래 느긋한 한때를 보내고 있다. '내가 누군가에게 쏟은 좋은 마음은 상대가 아니라 삼자를 통해 되받는다'고 하더니, 미숙하게나마 지키려 했던 선한 마음을 이토록 위급할 때 돌려받았다는 생각이 들었다.

윤하정, 너 그래도 꽤 괜찮게 살아왔구나! 스스로 대견한 마음도 들고, 그 마음을 하늘이 알아준다는 생각에 기쁘기도 했다.

그래, 나의 애간장을 녹인 훌츠프레드 페스티벌의 미흡한 준비가 없었다면, 모든 것이 내 계획대로 됐다면 이런 상은 받을 기회도 없었겠지.

예술이 좋아 떠나는 유럽

완벽하게 길을 잃어야 비로소 새로운 무언가가 보이나 보다.

다음 목적지는 오슬로다. 오슬로에 가기 전에 마트에서 장을 좀 봐야겠다. 스웨덴의 물가는 엄청 비싸지만 노르웨이보다는 살짝 착하다. 그래서 비싼 초코바와 과일을 사면서도 오슬로보다는 싸다는 생각에 웃을 수 있다. 이것도 여행이 주는 단순한 기쁨이겠지?!

홀츠프레드 페스터벌의 개최지가 스톡홀름으로 바뀌자 이에 반대하는 모임 'This Is Hultsfred 이게 홀츠프레드야'가 결성됐다. 2014년 현재, 기존의 홀츠프레드 페스티벌 기획사는 발을 뺀 것으로 보이고, 'This Is Hultsfred'가 기획하는 페스티벌이 2015년부터 다시 홀츠프레드에서 열릴 예정이다. 그럼 난 마지막이 아니라 어쩌다 보니 스톡홀름에서 열린 홀츠프레드 페스티벌에 간 셈인가? 이 축제를 보기 위해 일부러 스웨덴까지 갔는데? 거참, 인생 마음대로 안 된다.

Bergen

Oslo

그리그와 뭉크를
만나다

● **베르겐에서 오슬로** ●

　나는 무라카미 하루키의《상실의 시대》를 좋아한다. 특히 벚꽃 흩날리는 봄날에 이 책을 읽으면 그 천금 같은 쓴맛에 온 감각이 몽롱해질 정도다. 첫 장에서 주인공 와타나베도 비행기가 독일 함부르크 공항에 착륙할 때 기내에 흘러나오는 음악을 듣고 격렬한 현기증을 느끼지 않던가. 그 노래가 바로 비틀스의 '노르웨이의 숲<u>Norwegian Wood</u>', 이 소설의 원제이기도 하다. 하루키는 왜 하필 이 곡을 듣고 와타나베가 과거를 떠올리게 했을까 궁금했다. 아니, 존 레논은 어째서 사랑을 불태우고 허무하게 헤어지는 장소로 노르웨이 숲을 골랐을까 알고 싶었다. 노르웨이라는 나라는 그렇게 첫인사를 해왔다. 그러다 결정적으로 노르웨이의 유혹에 넘어간 것은 화가 뭉크 때문이었다. 스코틀랜드의 에든버러에서 우연히 뭉크 특별전에 가게 됐는데, 사랑과 애증, 삶과 죽음의 감성이 뒤섞인 그의 그림들은 다시 하루키의 '상실의 시대', 아니 '노르웨이의 숲'을 떠오르게 했다. 그래, 노르웨이에 가야겠어!

두 명의 에드바르

노르웨이에는 두 명의 유명한 '에드바르'가 있다. 바로 노르웨이 제2의 도시 베르겐에서 태어난 음악가 에드바르 그리그와 수도 오슬로에서 활동한 화가 에드바르 뭉크. 뭉크가 1863년에 태어났고, 그리그가 이보다 20년 전인 1843년에 태어났으니, 두 사람은 동시대를 살았다고 할 수 있다. 하지만 그들은 살아간 모습도, 작품의 색깔도 확연히 다르다.

어렸을 때 어머니와 누나를 결핵으로 잃은 뭉크는 가난에 병약함까지 겹쳐 항상 죽음과 공포, 고통과 불안 속에 생활했다. 이런 결핍 때문이었을까? 그에게는 사랑도 쉽지 않아서 평생 애증과 질투, 고독과 싸워야 했다. 반면 유복한 가정에서 태어난 그리그는 유럽 각지를 돌며 자유롭게 공부했고 많은 음악가들과 교류했다. 사촌인 소프라노 니나를 아내로 맞아 함께 음악 활동을 하며 해로했다. 전체적으로 평온하면서도 잘 다듬어진 그의 음악처럼 말이다.

요정들이 살 것 같은 언덕 위 그리그의 집

언덕 위 그리그의 집

그리그는 스코틀랜드 이주민의 자손으로 독일에서 음악을 공부했지만 스칸디나비아의 색채를 고집했다. 작품 안에 민족 고유의 리듬과 선율을 담으려 노력했고, 그래서 누구보다 노르웨이적인 음악을 세상에 알렸다.

그리그가 말년을 보낸 집은 베르겐 외곽에 자리하고 있다. 도심에서 20분 정도 트램을 탄 뒤 다시 걸어서 30분을 이동해야 하니, 성격상 집 하나를 보겠다고 찾아갈 리는 만무하다. 그런데 그리그의 집은 특별히 '트롤드하우겐 Troldhaugen'으로 불렸다. 트롤은 북유럽 신화에 나오는 요정, 그러니까 '요정이 사는 언덕'이라는 뜻이다. 그리그(152센티미터)와 니나는 유독 키가 작았다는데 그의 음악을 사랑한 사람들이 그들을 요정이라 불렀던 것일까?

하지만 트롤드하우겐에 도착하면 그리그 부부가 왜 이곳을 사랑했는지, 사람들이 왜 이곳을 '요정이 사는 언덕'이라고 부르는지 온몸으로 느낄 수 있다. 자그마한 이층집은 꽃들이 만발한 오솔길 끝에 자리하고 있고, 거기에서 몇 발짝을 옮기면 언덕 아래로 푸른빛의 호수가 휘감아 도는 것을 볼 수 있는데, 정말이지 귓가로 요정들이 날아다니는 기분이다. 그리그 부부는 생의 마지막 22년을 이곳에서 보냈고, 집 근처에 나란히 묻혀 여전히 이

베르겐에서 오슬로

그리그의 집 주변에 조성된 콘서트홀

아름다운 풍광을 바라보고 있다(평생 서로 아끼고 사랑했다는 두 사람 역시 이 언덕 위에 살고 있는 요정이 아닐까?).

트롤드하우겐의 또 다른 매력은 바로 세상에 하나뿐인 근사한 공연장이다. 그리그의 집 주변에는 박물관과 작은 콘서트홀이 조성됐는데, 베르겐 페스티벌이나 그리그 페스티벌 때는 이 작은 무대에서 세계의 내로라하는 뮤지션들의 연주를 감상할 수 있다. 그 시기에는 베르겐 도심에서 차편까지 마련되기 때문에 편하게 이동할 수 있지만 나는 일부러 간극을 택했다. 유명 축제가 끝난 시점에 베르겐을 찾은 것이다. 왠지 언덕 위에 사는 요정들을 만나려면 고요해야 할 것 같았다. 이 콘서트홀 역시 듬성듬성 빈자리가 있는 것이 훨씬 운치 있을 것이다.

2백 석 규모의 작은 콘서트홀은 입구에서 객석을 따라 무대까지 층층이 내려가는 구조로 되어 있는데, 무대 뒤편에 있는 대형 통유리로 그 옛날 그리그가 바라봤을 널따란 호수가 보인다. 사람들은 이 그림 같은 공연장을 카메라에 담느라 분주하고, 이럴 때면 쉽게 넋을 잃는 나는 자리에 앉아 하염없이 무대만 바라보고 있다. 이곳에서는 평일 낮 30분 동안 소박한 콘서트를 즐길 수 있는데, 한 곡 한 곡을 정성스레 소개하며 이내 자기만의 세계로 빠져드는 중견 피아니스트의 모습이 낭만적이다. 호수를 배경 삼아 울려 퍼지는 아름다운 선율, 어쩜 이렇게 근사한 무대를 만들었을까?!

호젓한 무대를 보고 났더니 박물관에서 봤던 글귀가 떠올랐다. "나는 바흐나 모차르트, 베토벤과 같은 급에 속하고 싶은 야망은 없다. 그들의 작품은 영원하다. 반면 나의 음악은 동시대, 나와 같은 세대를 위한 것이다.” 실제로 그리그의 음악은 스케일이 크거나 구성이 치밀하지는 못하다는 평을 받는다. 하지만 그는 그만의 음악을 했다. 나는 문득 그리그가 소박한 행복의 위대함을 알고 있었던 게 아닐까 생각해본다. 그가 이 언덕에서 행복하게 작업할 수 있었던 것도 같은 이유가 아닐까?

요정이 사는 언덕을 벗어나 트램 정류장을 향해 걷고 있다. 쌀쌀한 날씨에 모자를 뒤집어쓰고 보란 듯이 또 길을 잃었지만, 네버랜드에 다녀온 웬디처럼 나만의 신비로운 비밀이 생긴 기분이다.

여기저기 베르겐의 이것저것

그리그의 고향이면서 피오르 빙하로 침식되어 만들어진 계곡에 바닷물이 들어와 형성된 하구로, 오로라와 함께 북유럽 자연을 대표하는 아이콘이다 의 관문인 베르겐은 연중 관광객이 끊이지 않는 곳이다. 항구에 자리 잡은 인포메이션 센터에 가서 번호표를 뽑고 순서를 기다리고 있노라면 얼마나 많은 여행객들이 이곳을 찾는지 짐작할 수 있다. 문화적으로도 풍부한 자산을 보유하고 있는 베르겐에서는 연중 다양한 페스티벌이 열린다.

대표 축제는 5월 하순부터 보름 동안 진행되는 베르겐 페스티벌. 오페라에서 클래식 연주회, 댄스, 연극, 비주얼 아트 등 100여 편의 공연이 도심 곳곳에서 펼쳐지는데 북유럽을 넘어 세계에서 내로라하는 아티스트들이 참여한다. 그래서 축제 기간에는 공연 티켓보다 숙소 잡기

가 더 어렵다. 베르겐 페스티벌이 끝나면 10주 동안 그리그 페스티벌이 열리는데 이 기간에는 그리그의 음악을 집중적으로 감상할 수 있다.

관광지를 갈 때면 나는 팝스타들의 공연 스케줄도 챙겨본다. 일정이 잘 맞으면 한국에서 만나기 힘든 세계적인 뮤지션들을 덤으로 볼 수 있기 때문이다. 부자 도시 베르겐에도 연중 많은 팝아티스트들이 방문하는데, 거리 곳곳에 비욘세, 뮤즈, 리하나, 본조비 등의 콘서트 포스터가 붙어 있다. 가히 수도 오슬로가 부럽지 않은 문화적인 풍요다.

항구 주변에는 또 다른 볼거리들이 가득하다. 세계 어느 항구가 베르겐처럼 번화할까? 바닷가를 따라 늘어선 수산시장에는 북유럽 사람들

활기차고 번화한 베르겐 항구

베르겐에서 오슬로

갤러리와 공방, 레스토랑이 들어찬 목조 가옥 단지 브뤼겐

처럼 체구가 큰 생선들이 가득하고, 간단하게 먹을 수 있는 연어 샌드위치와 샐러드는 관광객들에게 쉼 없이 팔려나간다. 부둣가로 나가면 고기잡이배는 물론이고 요트 위에 앉아 맥주병을 기울이는 젊은이들의 모습도 쉽게 볼 수 있는데, 그 모습이 어찌나 영화 같은지 한 번 불러주면 못 이기는 척 동참하고 싶은 마음이 굴뚝같다.

아쉬운 마음을 달래며 항구를 걷다 보면 삼각지붕과 형형색색의 몸통을 맞대고 있는 중세풍의 건물들이 눈에 들어오는데 베르겐에서 빼놓을 수 없는 볼거리 브뤼겐 Bryggen 이다. 브뤼겐은 유네스코 세계문화유산으로 지정된 목조 가옥 단지다. 13세기 이후 독일 북부 도시들은 북해와 발트해 연안 도시들과 원활한 해상교역을 위해 한자동맹을 맺었는데 브뤼겐은 당시 상인들의 사무실과 집이 모여 있던 곳이다. 목조건물인 만큼 여러 번의 화재로 소실됐고, 복원된 지금은 다닥다닥 붙은 레스토랑과 상점, 갤러리, 공방 등이 색다른 멋을 뿜어내며 이곳을 메우고 있다.

베르겐을 한눈에 보고 싶다면 도시를 감싸고 있는 야트막한 산에 오르는 것도 좋다. 어제까지 을씨년스럽던 날씨도 오늘 나의 산행을 아는지 화창함으로 돌아섰다. 목적지는 플뢰엔Floyen 산. 대부분 등산열차로 이동하지만, 나는 지난 1년 동안 매일 한 시간 이상 걸으며 단련했던 두 다리를 믿어볼 생각이다. 소풍 가듯 가벼운 발걸음으로 꼬불꼬불 난 등산로를 따라 올라간다. 등산로라고는 하지만 대부분 포장이 잘되어 있기 때문에 자동차가 지나갈 때도 있고, 유모차를 끌고 가는 남녀의 모습도 보인다. 걸어 올라가는 동양인은 흔치 않은지, 아니면 혼자 신나 있는 내 표정이 신기했는지 마주치는 사람마다 웃으며 인사를 건넨다. 한동안은 폴란드에서 온 청년 두 명과 걸음을 같이 했다. 사실 이들과는 처음부터 엎치락뒤치락 함께 산에 오른 셈인데 중턱을 지나니 역시나 말을 걸어왔다. 여러 갈래의 길이 헷갈리기도 해서 흔쾌히 보조를 맞춘다. 사진도 찍어주고, 쇼핑에 대해서도 물어보고, 한국에 대해

베르겐에서 오슬로

베르겐 플뢰엔 산에서 북해와 마주하다!

서도 얘기해주고. 그러면서 속으로는 꽤나 사교적인 나를 보며 새삼 놀란다. 혼자 산에 오르는 것도 심심하지는 않구나!

그렇게 1시간 30분쯤 지났을까? 숲길 사이로 탁 트인 바다, 그 바다를 품은 베르겐의 모습이 들어온다. 가릴 것 하나 없는 하늘, 가려지지 않는 시린 바다, 그 사이로 불어오는 상쾌한 바람. 이 순간만큼은 오롯이 혼자이고 싶어 'Leave me alone 건드리지 마!'의 에너지를 뿜어내며 오감을 열어 이국 땅의 낯선 평화로움을 들이마신다. 좋구나! 아마도 땀 흘리며 걸어 올라와서 지금 이 평화가 훨씬 더 달콤한 것 같다.

예술이 좋아 떠나는 유럽

한참 만에 주위를 둘러보니 여행객들은 각기 자기 나라 말로 환희에 젖어 있고, 등산열차에서는 또 다른 관광객들이 쏟아져 나온다. 동네 뒷산을 오른 것 같은데, 그러고 보니 나는 북유럽의 서쪽 끝, 과거 바이킹들이 활개를 치던 북해를 마주하고 있다. 그러니까 저 바다를 거슬러 가면 대서양에 닿는 것이다. 언제 이렇게 멀리 떠나온 걸까? 풀리지 않는 숙제, 미래에 대한 걱정으로 나의 지난날은 아주 오랫동안 제자리에 머물러 있었는데, 어쩌면 그 기이한 열정(사랑과 우정에 대한 배신, 하지만 분노와 그리움의 열정으로 41년을 버틴 산도르 마라이의 헨릭처럼)이 이제 와 나를 이렇게 달리게 하는 게 아닐까?

비인기 여행지 오슬로?

북유럽에서 오슬로는 그다지 인기 있는 여행지는 아니다. 특별히 볼 게 없다는 것이 그 이유다. 게다가 숙박비도 비싸서 이 도시는 한나절 코스로 지나치기 일쑤다. 하지만 내게는 오슬로에 꼭 가야 할 이유가 있었다. 세계 오페라하우스의 이단아로 통하는 오슬로 오페라하우스와 뭉크의 작품들을 보고 싶었다. 혼자 여행할 때는 이런 점이 좋다. 내 기준으로 여행지를 선택할 수 있고, 하루 종일 내가 원하는 것만 할 수 있다.

보통 베르겐에서 오슬로 구간은 송네피오르 <u>길이 205킬로미터, 깊이 1308미터로 노르웨이에서 첫 번째, 세계에서 두 번째로 가장 길고 깊은 피오르</u>를 보기 위해 기차와 버스, 페리를 타고 1박 2일 일정으로 이동한다. 하지만 나는 유럽 각지의 축제에 맞춰 여행하느라 세계 7대 자연의 신비라는 피오르를 포기하고 스웨덴의 수도 스톡홀름에서 오슬로로 이동하게 됐다. 안타깝지만, 그래 아쉬운 모든 구간은 언제일지 모를 신혼여행 코스로 남겨두마!

스톡홀름에서 오슬로까지는 우리 돈으로 10만 원꼴인 가장 빠른 기차가 꼬박 6시간이나 걸린다. 맘 같아서는 비슷한 가격의 저가항공을 타고 싶지만 짐을 들고 공항까지 이동하고 검색대를 통과하는 일에 지친 나는 북유럽의 숲을 달리며 실컷 사색에 빠져볼 생각이었다. 그런데 실상은, 네 명이 마주 보고 앉아야 하는 스웨덴의 기차 좌석은 삼나무처럼 기다란 다리를 가진 북유럽 사람들과 앉기에는 불편하기 짝이 없다.

하여 사색이 아니라 자학이 시작됐다. 누가 기다린다고, 얼마나 대단할 걸 보겠다고 이 고생을 하는 것일까? 페스티벌에 맞춰 계속 장거리를 이동하다 보니 점점 '여행'이 아니라 '이동'이 되는 것 같아, 이 엄청난 이동의 의미가 무엇인지 스스로에게 자꾸 되물어야 했다. 창밖으로 울창한 숲과 호수가 그림처럼 등장했다 사라졌다를 반복하고 사람들은 그 모습마저 담으려 연신 카메라 셔터를 눌렀지만, 나는 어째 남은 에너지마저 모조리 방전된 듯하다.

숙소는 어떨까? 물가는 또 얼마나 비쌀까? 마지막 날은 공항에서 노숙해야 하는데 잘할 수 있을까? 아직도 한 달 이상의 여행이 남은 터라 챙겨야 할 것들을 수첩에 기록하며 시간과 맞선다. 그렇게 6시간. 마침내 기차는 오슬로 역에 도착했다. 다시 배낭을 메고 캐리어를 잡은 손에 힘을 준다.

사람들은 기내용 크기의 캐리어에 작은 배낭만으로 두 달을 버티는

사는 게 환상적일까? 오슬로 중앙역

나를 보고 여행의 고수라고 말하는데, 사실은 순전히 살아남기 위한 방책이다. 체구가 작은 나는 짐을 옮기는 것도 힘들고, 기차 선반에 가방을 올리는 것은 상상할 수도 없다. 그래서 '살 수 있는 것은 최대한 현지에서 공급받고, 사지 않아도 되는 것은 욕심내지 않는다'가 나의 원칙이다. 게다가 방향감각이 없어서(지도를 거꾸로 본다) 숙소는 좀 더 비싸더라도 대부분 중앙역 근처에 잡는다(캐리어를 끌고 길을 헤매다 보니 내 팔뚝은 튼실해졌다).

오슬로에서도 중앙역에서 5분 거리에 있는 숙소를 예약했는데 처음 온 곳이라 이마저도 쉽게 찾아지지 않는다. 길을 찾느라 두리번두리번. 뜨거운 햇살에 벗어둔 셔츠가 미끄러져 아스팔트 때를 고스란히 받아들인다(엊그제 돈 내고 빨았는데……). 멋스러운 유럽의 돌바닥은 캐리어를 끌기에는 쥐약. 이미 상처 난 캐리어 바퀴가 다시 돌 틈에 끼어 앙상한 뼈를 보이려 한다. 여기서 이러면 안 된다고!

베르겐에서 오슬로

멋진 이단아 오슬로 오페라하우스

바로 그때, 방전을 눈앞에 둔 나의 배터리가 게걸스럽게 재충전을 시작했다. 세상에! 오페라하우스다! 달걀흰자처럼 창백한 오페라하우스가 해변에서 일광욕이라도 하듯 조금은 위태로운 자세로 물가에 서 있었다. 길거리에서 입을 떡 벌리고 괴이한 형태의 오페라하우스를 바라보고 있자니 여유롭게 자전거를 타던 청년이 도와주겠다고 다가온다. 숙소는 길 건너 코앞, 만사 오케이다.

오랜만에 블라우스를 챙겨 입고 오페라하우스로 달려가 티켓 부스부터 찾았다.

"오늘 저녁 공연 있어?"

"그럼, 아름다운 발레 〈잠자는 숲 속의 미녀〉야."

"좋아! 저렴하면서도 잘 보이는 자리로 부탁해."

짧은 영어로 말하면 이렇게 웃으며 반말하는 기분이다. 물론 기분 좋게 티켓도 구했다. 자, 이제 구석구석 살펴볼까?

2008년 새로 완공된 오페라하우스는 오슬로의 새로운 랜드마크가 되었다 2010년 국제건축대전 등 국제적인 건축상도 여럿 수상했다. 축구장 네 개 면적의 대리석 덩어리는 마치 빙하가 피오르에서 떠오르듯 하얀 몸체를 비스듬히 바다와 접하고 있는데, 이 사선의 평면 덕분에 계단을 이용하지 않고도 꼭대기까지 이동할 수 있다. 신기함에 건물 앞뒤 위아래를 탐색하던 나는 뜨거운 햇살에 이내 어지러움을 느꼈다 실제로 오페라하우스는 태양열 에너지를 이용한다. 하지만 햇빛에 굶주린 북유럽의 젊은이들은 공연과는 무관하게

곳곳에서 일광욕을 즐기고 스케이트보드를 탄다. 오페라하우스 마당과 벽면, 지붕에서 말이다!

　내부로 들어가 중앙으로 이동하면 15미터 높이의 대형 유리창을 통해 오슬로의 바다가 한눈에 들어온다. 티켓 부스며 편의시설, 공연장 입구 모두 무척이나 모던한 느낌을 준다. 다른 도시에서 100년 이상 된 오

해변에 일광욕하듯 펼쳐진 오슬로 오페라하우스

페라하우스만 봐서인지 메인 오디토리움의 쾌적함을 보니 신이 날 정도
다. 발코니 석도 여느 공연장과 달리 무대를 향해 사선으로 설치돼 있어
몸을 비틀 필요가 없고, 세 줄 이상은 놓지 않았다. 와이파이까지 잡힌
다. 아주 돈을 제대로 썼구나!

공연은 어땠을까?

이게 또 재밌다. 발레는 '선의 미
학'이라고 생각하는데 전체적으로
오슬로의 선들은 넉넉했다. 〈잠자

오페라하우스 내부

는 숲 속의 미녀〉는 고전 발레의 교과서로 불릴 만큼 유난히 턴과 고정 동작이 많아 무용수의 기량이 여실히 드러나는데, 오슬로 국립발레단에게서는 어떤 치열함보다는 그냥 춤춘다는 느낌을 받는다. 이 좋은 극장에서 좀 더 완성도 높은 무대를 보여줬어야지! 그런데 객석에서는 기립 박수가 터져 나왔다. 엇, 발레를 보는 내 눈이 잘못됐나? 런던에서 눈이 너무 높아졌나? 아니면 그동안 너무 까다롭게 살았나……? 예상치 못한 의문을 품고 공연장을 나서는데 바깥이 놀랍도록 환하다. 어리둥절함의 연속이다.

공연이 끝난 밤 11시, 아직 환하다

절규하는 뭉크

유럽에서 가장 붐비는 거리는 어디일까? 파리의 샹젤리제? 런던의 옥스퍼드 거리? 뜻밖에도 오슬로의 카를 요한스 거리라는 기사를 본 적이 있다. 고풍스러운 건물 곳곳에 주요 편의시설과 쇼핑몰, 현대적인 감각의 카페와 레스토랑, 시설 좋은 숙소들이 자리하고 있고, 주요 명소와 공원, 왕궁에도 다다를 수 있기 때문이란다.

오슬로 중앙역에서 바로 이어지는 카를 요한스 거리를 따라 이것저것 구경하며 걷다 보면 국립미술관도 찾을 수 있는데, 이곳에 바로 노르웨

유럽에서 가장 붐비는 거리 가운데 하나라는 카를 요한스 거리

예술이 좋아 떠나는 유럽

이가 자랑하는 화가 뭉크의 작품이 많이 전시돼 있다. 유명 화가들의 작품이 세계 곳곳에 흩어진 것과 달리, 뭉크는 많은 작품을 오슬로 시에 기증했기 때문에 국립박물관과 뭉크 미술관을 방문하면 그의 대다수 작품을 감상할 수 있다. 특히 2013년은 뭉크 탄생 150주년을 맞는 해라 우리 돈으로 2만 6천 원인 뭉크 패스를 구입하면 이들 갤러리를 한꺼번에 이용할 수 있었다. 별다방 커피 한 잔이 만 원인데, 이 정도면 횡재한 기분이다.

뭉크는 19세기 표현주의를 대표하는 화가다. 개인의 내면을 강렬한 색채와 뒤틀린 모습으로 그려냈는데, 그 선두에 있는 작품이 〈절규〉, 영

뭉크의 〈절규〉

뭉크의 〈절규〉를 감상할 수 있는 국립미술관

어로는 〈스크림The Scream〉이다. 개인적으로는 '스크림'보다 '절규'라는 단어에서 묻어나는 절박함이 더 와닿는다. 언젠가 에든버러에서 '뭉크 특별전'을 만나는 행운을 얻었다. 그때 〈질투〉, 〈마돈나〉, 〈뱀파이어〉 등 뭉크의 주요 작품들을 보면서 그의 요동치는 심상이 피부에 와닿았고, 언젠가 오슬로에 가면 뭉크를 탐하리라 결심했다.

에든버러에서 봤던 〈절규〉는 1895년 작품인데, 우리에게 익숙한 1893년 작품과는 색감에서 차이가 났다. 뭉크는 같은 주제를 다른 기술과 색깔로 변형하곤 했는데, 〈절규〉는 50여 개에 달한다. 〈절규〉의 배경은 다리 위지만 실은 뭉크 자신의 내면일 것이다. 당시 해 지는 강가를 걷던 뭉크는 구름이 핏빛으로 물들면서 자연을 꿰뚫고 지나가는 절규를 느꼈다고 한다. 그 외침을 들었고 색채들이 비명을 질렀다는 것이다.

예술이 좋아 떠나는 유럽

　관광 도시가 아닌 오슬로의 미술관
은 런던의 내셔널 갤러리나 파리의 루
브르 박물관처럼 붐비지 않는다. 덕분
에 그토록 보고 싶었던 〈절규〉 앞에 앉
아 또다시 넋을 잃었다. 모든 것이 평
화로운 그곳에서 홀로 혼란에 휩싸인
뭉크.

　그는 스스로를 병약하고 광기 어린
사람으로 규정했다. 실제로 어렸을 때
는 병치레 때문에, 커서는 사랑 때문에
심신이 고달팠던 예술가다. 어린 시절

어머니와 누나의 죽음, 이후 뒤따르는 가난과 잦은 병치레. 광기와 악몽,
불행의 이미지가 어린 뭉크를 사로잡았다. 화가로서 첫발을 내딛으며
만난 연인은 그에게 첫사랑의 감정을 일깨워주지만 뭉크의 지고한 순정
과 달리 그녀는 너무도 자유분방해 그에게 쓰린 상처를 남겼다. 이후에
도 그릇된 사랑의 악순환을 끊어내지 못한 뭉크는 평생 끊임없는 애증
과 질투, 의심에 사로잡혔다. 사랑은 하되 결혼은 하지 않았던 그는 어쩌
면 평온할 수 없는 사랑에만 빠져들었는지도 모른다. 전 생애 작품을 관
통하는 아픔과 죽음, 사랑과 실연, 그리고 질투는 그의 내면에서 쏟아져
나왔던 것이리라. 그래서 뭉크는 홀로 핏빛 가슴을 드러내고 절규했던
것이 아닐까.

아등바등 살지 않겠어

미술관을 나와 193점의 조각 작품이 있다는 비겔란 공원까지 유유자적 산책에 나섰다. 흩날리는 햇살, 파스텔 톤의 고풍스러운 건물, 우거진 나무숲과 공원. 햇살이 귀한 북유럽에서는 햇빛만 났다 하면 사람들이 훌러덩 옷을 벗어 던지고 벌러덩 드러눕는다. 남녀노소를 가리지 않고 잔디밭을 모래사장 삼아 속옷 차림으로 누워 있다. 비키니는 양반, 때로는 아무것도 걸치지 않고 누워 있는 모습도 보인다.

지금은 평일 오후 4시인데, 도대체 이 많은 사람들은 어디에서 모여든 것일까? 쏟아지는 원유와 풍부한 바다 자원 덕분에 2013년 기준 노르웨이의 1인당 국민소득은 10만 달러를 넘어서 세계 3위를 기록했다. 우리나라의 4배를 넘는 수준이다. 그래서일까? 길을 헤매다 만난 사람들은 하나같이 친절하고 여유롭다. 한국에서 개미처럼 부지런히 일했던 나의 눈에는 이들의 배짱이 같은 느긋함이 부러울 지경이다. 많은 것을 가졌기에 굳이 치열하게, 안달복달하지 않아도 되는 것일까? 그래서 무용수들의 선이 조금 흐트러지더라도 혹독한 비평 대신 기분 좋게 박수로 마무리할 수 있던 것일까.

그야말로 광활한 비겔란 공원에서는 대규모 조각상과 그보다 훨씬 엄청난 규모의 배짱이 부대를 만났다. 모노리텐 Monolitten: 높이 17미터, 무게 260톤에 달하는 화강암 탑으로, 121명의 남녀노소 인간 군상이 조각돼 있다까지 둘러보니, 왠지 세상 다 산 듯 무상함이 밀려든다. 그래, 인생 뭐 있어? 아등바등하지 말고 소풍 가듯 살자!

오페라하우스 옥상에서 누리는 여유

하루 종일 많이 걸었던 터라 숙소로 돌아갈 때는 트램을 타기로 했다. 그런데 티켓을 살 수 있는 곳이 보이지 않는다. 아무래도 운전기사에게 직접 표를 구입해야 할 것 같다. 이런 경우 대부분 티켓 값이 더 비싸지만, 아등바등 살지 않기로 10분 전에 다짐하지 않았던가. 트램에 올라 어여쁜 여기사에게 물었다.

"티켓 살 수 있어?"

"물론."

"싱글 티켓 부탁해."

"50크로네야."

"뭐라고?"

"호호, 좀 비싸지?"

트램 한 번 타는데 만 원을 달래놓고 좀 비싸냐고 묻는 거니? 애써 태연하게 차비를 냈지만 뭔지 모를 억울함이 밀려온다. 슬슬 걸어갈 걸 그랬나? 아냐! 오늘은 나도 오슬로 사람들처럼 여유롭게 웃어보련다. 뭉크의 〈절규〉를 봤잖아!

참, '노르웨이의 숲'은 하루키의 문학적 표현이거나 오역일 가능성이 높다고 한다. 비틀스의 노래에서는 숲을 의미하는 복수형 'woods'가 아니라 'wood'이기 때문에 '노르웨이 숲'이 아니라 '노르웨이산 목재나 가구'로 해석해야 한다는 것이다. 하하, 이거 첫인상에 의미를 너무 부여했나? 괜찮아! 덕분에 노르웨이의 숲을 봤으니까!

베르겐 페스티벌 Bergen International Festival : 종합예술제
홈페이지: http://www.fib.no/en
개최 시기: 매해 5월 하순부터 15일간
개최지: 노르웨이 베르겐
찾아가는 법: 베르겐 국제공항, KLM 등의 경유 편 이용
특징: 북유럽에서 가장 큰 페스티벌로, 축제 기간에는 숙소를 구하기가 힘들 정도다.

그리그 페스티벌 Grieg In Bergen Festival : 클래식 콘서트 축제
홈페이지: http://www.grieginbergen.com
개최 시기: 매해 6월 중순부터 10주간
특징: 그리그를 비롯하여 다양한 작곡가들의 음악을 감상할 수 있는 콘서트 시리즈

발레 〈잠자는 숲 속의 미녀 The Sleeping Beauty 〉

안무: 마리우스 프티파 Marius Petipa

음악: 표트르 차이콥스키

초연: 1890년 상트페테르부르크 마린스키 극장

시놉시스: 프랑스 동화작가 샤를 페로의 〈잠자는 숲 속의 미녀〉를 원작으로 만든 발레로, 〈백조의 호수〉, 〈호두까기 인형〉과 함께 차이콥스키의 3대 발레 음악으로 꼽힌다. 기교보다는 엄격한 틀에 맞춘 고전 발레 본연의 우아함을 최대한 살려 '고전 발레의 교과서'로 불린다.

오랫동안 아이가 없던 왕과 왕비에게 오로라 공주가 태어나자 이를 축하하기 위해 파티가 열린다. 여섯 명의 요정들이 아름다움 등을 선물하는 동안 파티에 초대받지 못한 마녀 카라보스가 나타나 공주가 열여섯 살이 되는 해에 바늘에 찔려 죽도록 주문을 건다. 다행히 요

정 라일락은 마녀의 저주를 100년의 잠으로 바꾼다. 어느덧 오로라의 16번째 생일. 구혼자로 변장한 카라보스는 오로라에게 장미꽃(또는 물레)을 선물하고, 공주는 그 가시에 찔려 깊은 잠에 빠진다. 100년 뒤, 라일락은 사냥을 가던 데지레 왕자가 오로라를 찾게 한다. 데지레 왕자가 키스하자 오로라 공주는 깨어나고 두 사람은 결혼한다.

Saint

Petersburg

수많은
첫 경험을 하다

● 상트페테르부르크 ●

오전 9시, 드디어 상트페테르부르크 풀코보 공항에 도착했다. 인천공항에서 출발하면 9시간대에 이동할 수 있지만 유럽 그 어느 도시보다 멀게 느껴졌던 곳이다. 아마도 러시아라 그랬을 것이다. 그런데 내 걱정은 기우가 아니었다. 상트페테르부르크는 달라도 너무 달랐다. 태어나 처음 겪는 일이 이렇게 많을 줄이야!

우선 요즘 같은 세상에 입국 비자가 필요했고 <u>2014년부터 비자 면제</u>, 일주일 이상 머물면 거주자 등록도 해야 한다. 입국 심사대도 여느 공항보다 높

예술이 좋아 떠나는 유럽

은데, 미소라곤 찾아볼 수 없는 직원이 말 한마디 없이 족히 5분은 여권과 내 얼굴을 번갈아 살펴본다. 이럴 땐 웃어야 하는지, 도대체 어딜 봐야 하는지 난감한 순간이다. 상트페테르부르크에서의 수많은 첫 경험은 차차 얘기하겠다. 지금은 대한항공 데스크부터 찾아야 한다.

직업병인가, 직업에 적합한 성격인가

어렵게 입국 심사를 마치고는 대한항공 데스크를 찾아 삼만리다. 에르미타주 입장권을 받아야 하는데, 1층에서 3층까지 몇 번을 돌아도, 공항 직원들에게 묻고 물어도 도저히 찾을 수가 없다. 이벤트로 고객들의 관심만 끌고 후속 처리는 이렇게 미흡해도 된단 말이야? 불의를 못 참는 나는 결국 한국의 대한항공 본사로 전화를 걸었다. 그럼 그렇지, 공항 청사 안에 대한항공 데스크 따위는 없었다. 길 건너 비즈니스센터에 사무실이 있다는 것이다. 이미 발동이 걸린 나는 캐리어를 끌고 찾아갔다. 건물에 들어서려면 방문증까지 받아야 했지만 여기까지 왔는데 끝은 봐야 하지 않겠는가.

사무실에 들어서자 직원들이 그야말로 놀란 토끼 눈으로 쳐다본다. 얼핏 보니 한국인 반, 현지인 반. 상황을 설명하고 미흡한 고객 서비스에 대해 성토했다. 지점장이 사과하며 친히 버스 타는 곳까지 데려다준다. 무슨 일을 하느냐며, 여기까지 찾아온 사람은 내가 처음이라고. 그러게, 왜 그랬을까? 직업병의 잔재인가 타고난 성격인가, 덕분에 이분과는 종종 이메일로 연락하고 있다.

"지점장님, 이 러시아 피아니스트 이름은 어떻게 발음해요?" 뭐, 이런 것도 물어보면서. 하하.

하지만 잘난 척은 여기에서 끝났다. 시골 간이역 같은 공항을 빠져나와 버스에 올라타면 어디선가 아주머니가 나타나 손에 든 지폐를 받아들고 휴지 조각(간혹 운행 중에 승차권을 보여달라고 할 수 있으므로 내릴 때까지 버리면 안 된다!) 같은 승차권과 잔돈을 거슬러주는데, 차비가 얼마인지, 거스름돈은 제대로 받은 것인지 확인할 도리가 없다. 오래전의 지하철 1호선이 생각나는 버스에는 에어컨도, 안내 게시판도 없다(반면 깊고 깊은 지하철 역사는 마치 지하 궁전처럼 웅장하고 화려하다).

시내에 도착하자 찌는 듯한 더위 속에 도처에 운하가 보이는데, 감상할 여유도 없이 난감함이 엄습해온다. 도대체 이 운하는 지도의 어디쯤일까? 얼핏 보면 영어 알파벳과도 비슷하게 생긴 러시아 글자들은 나의 무딘 방향감각을 더욱 못 쓰게 만든다. 택시도 잡히지 않고, 몇 사람을 붙들고 물어봐도 영어가 통하지 않는다. 두 시간 동안 길을 헤매고 있자니 좀 전에 말이 안 통해서 돌아섰던 현지인이 다시 나타나 내 가방을 들고 앞장섰다(이건 뭐? 따라가도 되는 것인지). 의구심 가득한 눈으로 뒤를 따라갔는데 의심한 것이 민망하게 어느덧 예약해둔 숙소에 도착했다(러시아인들이 이토록 친절하단 말인가).

숙소에 들어서니 드디어 말이 통한다. 이때다 싶어 길을 얼마나 헤맸는지 모른다며 하소연을 해본다. 그런데 너처럼 헤매는 사람은 극히 드물다며 간깐한 미소가 되돌아온다(다 친절하지는 않구나!).

예술이 좋아 떠나는 유럽

휴, 모든 게 낯설고 힘들었던 반나절. 그대로 쓰러져 깊은 잠에 빠졌다. 얼마나 잤을까? 배가 고파 일어나 보니 밤 10시다. 그런데 바깥은 영락없이 오전 10시 같다. 그제야 슬그머니 미소를 지어본다. 드디어 왔구나, 백야의 도시 상트페테르부르크에!

유럽을 닮고 싶었던 '빼쩨르' & 백야 축제

발음도 어려운 상트페테르부르크. 당황스러운 것은 상트페테르부르크라고 말하면 아무도 알아듣지 못한다는 점이다. 영어로 표기하면 Saint Petersburg인데, 피터는 러시아 로마노프 왕조의 4대 황제인 표트르Pyotr의 영어식 발음이고, burg는 도시를 뜻하니 이건 딱 봐도 '피터의 도시'라는 말이다. 현지에서는 표트르를 '빼쩨르'로 발음하기 때문에 도시를 말할 때도 그냥 빼쩨르라고 줄여 말한다. 우리나라에서는 상트페테르부르크, 러시아에서는 빼쩨르, 러시아 밖에서는 세인트 피터스버그……. 가뜩이나 복잡한 여행자의 머릿속이 도시 이름을 말할 때마다 뒤엉킨다.

그렇다면 표트르와 상트페테르부르크는 어떤 관련이 있을까? 표트르 대제는 러시아의 현대화를 위해 유럽화 정책을 폈는데, 본인이 직접 서유럽의 여러 도시를 여행하며 다양한 기술을 배워오기도 했다. 그리고 모든 것을 집결해 발트 해 인근 늪지대 위에 새로운 수도를 건설했는데, 그곳이 바로 상트페테르부르크다. 101.5미터 높이의 돔을 자랑하는 성 이삭 성당 앞에 표트르 대제의 청동기마상이 버티고 있다.

운하의 도시 상트페테르부르크

1712년 모스크바에서 이곳으로 수도를 옮긴 이후 200여 년간 러시아의 전성기를 이끌었고, 문학과 음악, 무용 등 러시아 예술을 찬란하게 꽃 피운 그 중심에 상트페테르부르크가 있었다.

게다가 넵스키 대로 <u>궁전 광장부터 4.5킬로미터에 이르는 거리로, 백화점을 비롯한 주요 상점과 레스토랑, 카페 등이 즐비하다</u> 끝에 자리한 알렉산드르 넵스키 수도원에는 상트페테르부르크가 예술의 도시임을 증명이라도 하듯 과거 이 도시에

예술이 좋아 떠나는 유럽

예술의 도시 상트페테르부르크 공동묘지에 안장된 도스토옙스키, 차이콥스키

서 활동했던 유명 예술가들이 안장된 공동묘지가 있다. 무슨무슨 '스키'로 끝나는 수많은 예술가들, 차이콥스키, 도스토옙스키, 림스키-코르사코프, 스트라빈스키, 무소르그스키 등 무려 183명의 예술가가 여기 잠들어 있다 (공동묘지에 가면 지도를 보며 예술가들의 묘를 일일이 대조하는 모습을 쉽게 볼 수 있는데, 사진을 찍는 빈도로 봐서는 역시 차이콥스키의 인기가 가장 높다).

이렇게 예술적으로 풍성한 자원을 가졌으니 축제가 없다면 말이 되겠는가. 러시아 역시 여름에는 밤늦도록 해가 지지 않는다. 그래서 상트페테르부르크에서는 해마다 여름밤을 하얗게 수놓는 백야 축제가 열린다. 시내 곳곳에 자리 잡은 수많은 공연장에서 오페라와 발레, 클래식 연주회가 쉼 없이 펼쳐지고, 궁전 광장을 비롯한 야외무대에서는 세계의 팝 스타들이 각 나라에서 모여든 관광객들과 하얀 밤을 불태운다.

1993년에 시작된 '백야의 별 축제 The Stars of the White Nights'는 백야 축제 중에서도 핵심이라고 할 수 있다. 러시아를 대표하는 마린스키 극장의 예술감독인 발레리 게르기예프는 처음 이 축제를 기획하면서 '마린스키와 소속 유명 아티스트들이 그들의 도시 상트페테르부르크에 선사하는 음악 선물'이라고 말했다. 하지만 공연장에서 예술감독, 아티스트, 그리고 도시까지 완벽하게 스타급만 모인 백야의 별 축제는 처음부터 이미 히트를 예고했다. 실제로 초창기 열흘에 불과했던 축제는 해가 거듭될수록 세계적인 인기를 더했고, 이제는 백야가 진행되는 5월 말부터 7월까지 두 달 동안 상트페테르부르크를 찾는 여행객들을 잠 못 이루게 하고 있다.

상트페테르부르크의 자존심, 마린스키 극장

350여 개의 다리를 이어붙인 운하의 도시 상트페테르부르크는 관광 인프라가 확실한 곳이다. 하지만 제아무리 볼 것이 많아도 마린스키 극장 Mariinsky Theatre 이 없었다면 여기까지 오지는 않았을 것이다. 그래서인지 나는 서늘한 옥빛의 마린스키 극장을 한눈에 알아봤다.

5층까지 1700석의 규모를 자랑하는 극장에 들어서면 먼저 웅장하면서도 위풍당당한 커튼 막에 압도당한다. 뒤이어 시신경을 자극하는 청

색과 황금색, 크림색으로 무장한 내부 장식들은 외관의 옥빛만큼이나
서늘한 기품을 뿜어낸다. 중년의 고혹적인 귀부인 같다.

지금의 극장이 들어선 것은 1860년. 하지만 마린스키 극장 웹사이트
에 들어가면 2014년 기준 231번째 시즌이라고 나온다. 마린스키 극장의
전신이라 할 수 있는 'Bolshoi Stone Theatre'가 1783년 상트페테르부르
크에 들어서서 황실 발레단과 오페라단이 무대에 올랐다는 것이다.

이탈리아와 프랑스에서 융성했던 발레가 러시아에 들어온 것은 17세

고혹적인 귀부인 같은 마린스키 극장

기 무렵이다. 당시 유럽화 정책을 폈던 표트르 대제는 황실 무용학교를
세우는 등 발레 발전에 전폭적인 지지를 아끼지 않았다. 마린스키 발레
단이 1783년에 생겼고, 볼쇼이 발레단이 그보다 앞선 1780년에 창단됐
는데, 특히 마리우스 프티파, 아그리피나 바가노바 같은 유럽의 재능 있
는 안무가와 무용수들을 초빙해 이들을 지도했다. 여기에 차이콥스키
등 뛰어난 작곡가들이 함께하면서 러시아 발레는 독자적인 발전을 거듭
했다. 이에 따라 19세기 유럽의 발레가 쇠퇴기에 접어들 때 러시아는 홀
로 발레 전성기를 누렸고, 덕분에 지금의 서양 발레는 러시아 고전 발레
를 기본으로 발전했다고 할 수 있다.

2013년에는 마린스키 극장과 운하를 사이에 두고 신극장도 들어섰다.
이들 극장에서는 주로 오페라와 발레 공연이 펼쳐지는데, 아무래도 발
레에 관객이 더 몰리지 않나 싶다. 모두들 러시아 하면 발레를 먼저 떠올
리는 모양이다. 그래서 축제 기간에는 티켓을 구하기가 쉽지 않고, 마린
스키라는 명성에 걸맞게 가격도 비싸다.

나는 발레 〈백조의 호수〉와 〈한여름밤의 꿈〉을 봤는데, 3층인데도 티
켓 가격이 15만 원 정도다(인터넷으로 조기 예매하면 할인되고, 현지인을 통
해 사는 것이 더 저렴할 수 있다). 하지만 세계 최고를 자랑하는 무용수들
의 유연한 몸놀림, 상트페테르부르크 극장 심포니 오케스트라의 유려한
연주, 그리고 극장 자체가 뿜어내는 유구한 기품이 비싼 입장료를 보상
해준다. 공연 보는 것이 일이다 보니 어쩔 수 없이 높아진 감동의 역치에
도 불구하고 세포들이 경련을 일으키는 것 같다.

축제 기간에는 마린스키 극장 외에도 도심의 수많은 공연장이 풀가동

되는데, 미하일롭스키 극장이나 알렉산드린스키 극장 등은 전통과 실력
에 있어 상위권에 든다. 가격도 훨씬 저렴한 편이다.

발레 〈백조의 호수Swan Lake〉

안무: 마리우스 프티파Marius Petipa, 레프 이바노프Lev Invanov

음악: 표트르 차이콥스키

초연: 1877년 모스크바 볼쇼이 극장

시놉시스: 성인식을 맞은 지그프리트 왕자는 백조를 쫓아 숲으로 간다. 왕자는 호숫가에서 사람으로 변한 오데트 공주에게 반해 청혼한다. 공주가 마법에서 풀리려면 한 사람의 변치 않는 사랑을 받아야 한다는 말에 왕자는 사랑을 맹세하고, 다음 날 있을 무도회에서 그녀와 결혼을 발표하기로 약속한다. 무도회장에는 왕자를 위해 초대된 각국의 공주들이 있다. 이 때 악마 로트바르트가 오데트와 닮은 딸 오딜을 데리고 등장하고, 흑조 오딜에게 반한 왕자는 그녀와의 결혼을 발표한다. 왕자의 배신으로 오데트는 영원히 백조로 살아야 한다. 정신을 차리고 달려온 왕자는 로트바르트를 물리치고 오데트는 마법에서 풀려난다.

수많은 안무가에 의해 다양한 버전으로 공연되면서 결말도 조금씩
다르다. 왕자와 오데트가 함께
죽기도 하고, 왕자는 죽고 오데
트는 영원히 백조로 남기도 한
다. 또 오데트와 오딜을 한 명의
발레리나가 연기하는 경우도 있
다. 발레리나의 기술 중 최고라는
32회전 푸에테와 백조의 움직임
을 섬세하게 묘사한 동작들은 감
탄스럽다.

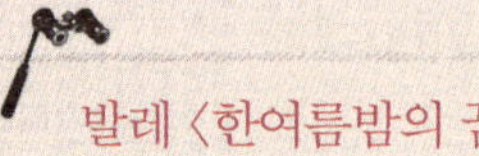

발레 〈한여름밤의 꿈 A Midsummer Night's Dream〉

안무: 조지 발란신 George Balanchine

음악: 펠릭스 멘델스존

초연: 1962년 뉴욕시티발레

시놉시스: 오베론 왕이 다스리는 요정의 숲 속에서 두 쌍의 커플이 헤매고 있다. 헤르미아와 라이샌더는 사랑의 도피 중이다. 그 뒤를 헤르미아와 결혼을 앞둔 드미트리우스가, 그 뒤는 드미트리우스를 짝사랑하는 헬레나가 쫓고 있다. 오베론은 헬레나를 가엾게 여겨 사랑의 꽃물로 그녀를 도와줄 생각이다. 이 꽃물을 눈에 바르면 눈을 떴을 때 처음 보는 것에 반하게 된다. 하지만 오베론의 시종 퍼크는 일을 서두르다 그만 라이샌더의 눈에 꽃물을 바르고, 나중에는 드미트리우스의 눈에도 꽃물을 발라 두 사람 모두 헬레나를 좋아하게 된다.

이렇게 일이 꼬이자 오베론은 모든 엇갈린 사랑을 정리해주고, 잠에서 깨어난 두 쌍의 청춘남녀는 지난 일들을 한여름밤의 꿈처럼 생각한다.

셰익스피어의 원작에 감명받은 멘델스존이 곡을 붙였다. 이 무대의 마지막에 커플들의 결혼을 축하하는 파티가 이어지는데, 이때 나오는 음악이 그 유명한 '결혼행진곡'이다.

영어, 신용카드, 현금인출기 모두 불통

마린스키 극장 인근에 있는 마린스키 콘서트홀의 레퍼토리도 화려하다. 문제는 티켓 예매. 장기 여행 중이라 일정이 자꾸 바뀌었던 만큼 발레 공연만 예매해둔 상태였는데, 현지에서 다른 공연 티켓을 구입하면서 이 도시가 여느 여행지와 얼마나 다른지 실감할 수 있었다.

먼저 영어가 통하지 않는다. 마린스키 콘서트홀로 추정되는 장소에 도착했으나 건물 어디에도 영어로 된 표기가 없다. 입구에 버젓이 서 있는 오늘의 공연 프로그램은 알 수 없는 글자들뿐이고, 티켓 부스의 나이 지긋한 직원은 그 글자들을 말로 하는 것 같다. 그래, 티켓을 사자. 신용카드를 내밀자 티켓 부스의 직원은 다시 돌려준다. 내가 갖고 있는 신용카드를 받지 않는다는 것인지, 신용카드 자체를 사용할 수 없다는 것인지 알 수 없다. 장기 여행객들이 그렇듯 나 역시 소소한 금액은 현금으로, 제법 큰 금액은 신용카드로 해결하고 있었기 때문에 티켓을 살 정도의 루블RUB이 없었다. 그녀가 ATM이 있는 곳을 그려준다. 그런데 이건 또 어찌된 일인가? 몇 년 동안 유럽의 수많은 나라에서 사용했던 국제 현금카드가 계속 오류가 난다. 별수 없이 환전소를 찾아 나섰다.

그런데 그 많던 환전소가 마린스키 극장 주변에는 한 곳도 없다. 조급해진 나는 거리의 경찰을 붙들고 물어봤다. 아참, 영어가 통하지 않는다. 그래도 도리가 없다. 묻고 또 묻고, 네 번째 붙든 경찰이 알아듣고 은행을 알려준다. 이리 뛰고 저리 뛰고, 딱 포기하고 싶을 때, 정말 기적처럼 은행이 아닐까 싶은 건물을 발견했다.

환전 완료. 이제 남은 시간은 20분, 공연장까지 다시 뛰어야 했다. 그리고 공연 시작 10분 전, 마린스키 콘서트홀에 도착한 지 두 시간 만에 티켓을 구할 수 있었다. (비슷한 상황을 상트페테르부르크의 주요 명소에서 줄곧 겪어야 했다. '러시아에 와서 왜 영어를 하느냐!'는 그들의 자부심으로 해

클래식 연주회를 감상할 수 있는 마린스키 콘서트홀

석하며 지친 나를 위로했다. 환전소는 넵스키 대로 주변에 몰려 있는데, 달러나 유로는 루블로 쉽게 바꿀 수 있다. 다만 은행의 환율이 조금 더 유리한 편이다.)

러시아 할머니들은 나의 관람 파트너

콘서트는 나의 고생에 보답이라도 하듯 환상적이었다. 딱 보기에도 싱그러운 젊음이 묻어나는 피아니스트와 오케스트라의 협연이었는데,

모던한 느낌의 마린스키 콘서트홀, 마린스키 극장과는 대조적이다

연주자의 날렵한 옆모습과 현란한 손가락에서는 실패를 모르는 젊음의 푸른 자신감이 느껴졌다. 이제껏 넘어진 적이 없어 턱을 치켜세우고 무작정 달리는 겁 없는 젊음 말이다. 노련함은 조금 부족했지만, 20대만이 가질 수 있는 패기 있는 연주였다.

그런데 어쩜 이렇게 모르는 곡들만 연주하는지. 공연 프로그램은 끝내 알 수 없었는데, 귀에 익지 않은 곡의 연주가 멈추자 나도 관객들을 따라 박수를 쳤다. 그런데 오른쪽에 정장을 차려입은 여인이 몸까지 틀어 나를 쏘아보았다. 왼쪽에 앉은 할머니는 검지를 좌우로 흔들며 나의 잘못을 지적했다. 사실 나는 이 할머니에게 티켓을 샀다. 무슨 말인가 하니, 앞서 환전한 돈을 들고 티켓 부스로 달려갔는데 이 할머니가 내 팔을 잡고 좌석 배치표 아래로 데려가는 것이다. 할머니는 피아니스트의 손이 고스란히 보이는 무대에서 세 번째 줄에 있는 자리를 아주 저렴한 가격에 제시했다. 나야 마다할 이유가 있겠는가. 검표원에게 티켓을 제시하자 미심쩍어 했지만 할머니가 뭐라고 하니 문제없이 통과할 수 있었다. 할머니 암표상인 줄 알았는데 나중에 보니 내 옆에 앉으신 것이다.

러시아 할머니들은 공연 마니아

쉬는 시간. 좀 머쓱하기도 해서 아까 나의 실수를 온몸으로 지적한 여인에게 말을 걸어본다. 다행히 영어로 의미 전달이 가능했다.

"이 콘서트홀 정말 좋다."

"음향이 훌륭하지. 빼쩨르의 모든 공연장은 우리의 자랑이야."

"그래, 정말 자랑스럽겠어. 오늘 피아니스트도 아주 멋지다."

"필리프 코파쳅스키인데 스물세 살이야. 잘하지? 그런데 내일 공연이 훨씬 좋을 거야."

"그래? 그럼 또 와야겠다."

"티켓이 매진됐을 텐데. 요즘 이 트리오는 정말 인기가 많거든. 최고야!"

"음, 내 옆에 있는 할머니한테 내일 공연 표도 있는지 물어봐줄래?"

예술이 좋아 떠나는 유럽

그녀는 물었고, 할머니는 다른 공연을 보러 간다며 공연 일정이 빼곡한 리플렛을 보여주었다. 아, 이 할머니 공연 마니아였구나!

숨이 멎을 만큼 멋진 2부 무대를 마치고 할머니와 나, 정장 여인은 서로 얼굴을 마주 보며 연주자들에게 박수를 보냈다. 특히 이렇게 멋진 자리를 제공해준 할머니에게는 양손의 엄지를 세워 고마움을 표했다.

할머니가 가시겠다는 공연장은 클래식 연주회로 유명한 필하모니아. 마린스키 극장과는 반대편이다. 다음 날 알아보니 정장 여인의 말처럼 마린스키 콘서트홀 공연은 매진이었다. 그래서 일단 필하모니아부터 들러보기로 했다.

한국에서는 공연장이나 박물관을 찾기가 어렵지 않다. 딱 보면 주위 건물과는 모양새부터 다르다. 그런데 이곳에서는 '상트페테르부르크에서 ○○○스키 찾기'다. 건물이 모두 고풍스러운 데다 어디에도 영어로 된 표지판이 없으니 잘 도착해놓고도 헤매기 십상이다. 그래서인지 명소마다 나처럼 두리번거리는 관광객들을 쉽게 볼 수 있다. 나를 포함한 한 무리의 여행객들은 이번에도 묻고 물어, 이 문 저 문을 다 열어보고 나서야 필하모니아 티켓 부스에 도착했다. 오늘 공연은 오후 7시. 좌석은 조금 여유가 있는 눈치다.

그래서 다시 마린스키 콘서트홀로 갔다. 거긴 공연이 오후 6시니까 티켓을 구하면 요즘 최고라는 트리오 게르기예프의 지휘로 피아니스트 알렉산드르 로마노프스키와 마린스키 극장 심포니 오케스트라의 협연를 만나는 것이고, 실패하면 곧장 필하모니아로 돌아올 생각이다. 내가 생각해도 열혈 관객이다. 하늘도

클래식 연주회로 유명한 필하모니아 극장

그런 나의 정성에 감동했는지 또 다른 할머니가 나타났다.

콘서트홀에 도착해 티켓 부스 앞에서 차례를 기다리고 있는데 어떤 할머니가 다짜고짜 내 팔을 끌어당겼다. 영문을 몰라 주저하자 주위에 있던 중년의 여인이 '프리(공짜)'라고 알려준다. 할머니는 합창석 쪽으로 나를 데리고 가셨는데 아마도 입석 표였는지 두 번이나 자리를 옮겨야 했다. 오늘은 정말 만석인 것이다.

하지만 합창석에 앉은 나는 일반 객석과 달리 게르기예프의 등이 아닌 앞모습, 그러니까 그의 현란한 손동작과 그만큼 다채로운 표정을 유감없이 감상할 수 있었다. 게르기예프의 카리스마는 세상에서 둘째가라

예술이 좋아 떠나는 유럽

면 서러울 텐데, 공연이 시작된 뒤에도 관객들이 계속 입장하자 그는 몹시 불편한 표정을 지었다. 한번은 객석에서 휴대전화가 울렸는데, 그는 기다렸다는 듯이 연주를 멈추게 했다.

오늘의 솔리스트는 우크라이나 출신의 알렉산드르 로마노프스키였다. 사실 라이브 무대는 비주얼도 큰 몫을 차지한다고 생각한다. 연주하는 모습, 감성을 표현하는 방법 말이다. 조금은 긴 앞머리를 쓸어 올린 그는 섬세한 음유시인 같았고, 그 모습은 라흐마니노프의 〈피아노 협주곡 2번〉의 흐르는 강물 같은 선율을 너무도 멋지게 담아냈다. 얼마나 긴장되고 에너지 넘치는지 잠시도 의자에 등을 기댈 수가 없었다. 그대로 무대로 빨려들 것만 같다.

처음에는 '이 아이가 어떻게 합창석에 앉았을까?' 하는 표정으로 바라보던 주위 관객들과도 어느덧 눈을 마주치며 감동을 나눈다. 그들은 '어때, 우리 대단하지?'라고 묻는 것 같았고, 나는 '그래, 정말 멋지다!'라고 답해주었다.

요즘 대세라는 지휘자 게르기예프와
피아니스트 로마노프스키

상트페테르부르크가 사랑한 푸슈킨

어젯밤부터 떠 있던 태양은 아침에도 그 자리를 지키고 있다. 오늘도 화창하다. 도시를 관통하는 네바 강 쪽으로 걸어갔다. 다리를 건너 정치범들의 수용소였던 페트로 파블롭스키 요새로 가본다.

와, 그런데 여기가 러시아란 말인가? 반짝이는 강을 화폭에 담아내는 사람들, 평화로움을 노래하고 연주하는 사람들, 그리고 겨울 동안 부족했던 햇빛을 보충하기 위해 수영복 차림으로 누워 있는 수많은 사람들로 해변과 잔디밭이 북적거린다.

러시아에 대한 나의 선입견은 어떻게 생겨났을까? 도시 전체를 감싸는 고풍스러운 건물들과 그 사이를 가로지르는 운하. 도심 곳곳에 자리한 수많은 공연장과 박물관, 그리고 짙푸른 공원. 러시아 속에 유럽을 만들겠다는 표트르 대제의 야심은 이 도시만 보자면 성공한 것이 아닐까.

아니지, 상트페테르부르크는 유럽의 여느 도시와는 다르다. 유럽의 많은 것을 흡수했지만 러시아만의 독특한 색깔로 빚어냈기 때문이다. 특히 문학에 관해서는 다른 말이 필요할까? 네바 강 인근에는 러시아 문학 박물관이 있는데 도스토옙스키, 톨스토이, 안톤 체호프, 고골리 등의 흔적을 볼 수 있다.

그리고 이 남자 알렉산드르 푸슈킨. 푸슈킨은 상트페테르부르크 시민이 가장 사랑했고 여전히 사랑하고 있는 예술가다. 도시 곳곳에 있는 그의 동상에는 아직도 꽃이 놓여 있고, 심지어 거리나 지하철역 이름으로도 만나볼 수 있다. 그가 자주 갔던 카페나 식당은 언제나 사진을 찍는 관광객으로 붐빈다.

푸슈킨이 생의 마지막을 보냈던 집을 찾아갔다. 내가 가장 좋아하는 발레 작품이 〈오네긴〉인데, 푸슈킨의 《예브게니 오네긴》이 원작이다. 〈오네긴〉에 보면 극중 렌스키가 자신의 애인인 올가를 유혹한 오네긴에게 결투를 신청하고 결국 그 총에 숨을 거두는데, 희한하게도 푸슈킨 역시 아내를 탐낸 남자와 벌인 결투에서 38세의 젊은 나이에 목숨을 잃었다. 그가 머물렀던 이 집에는 대문호 푸슈킨의 많은 노트와 그림, 그리고 사랑의 상처를 입은 평범한 남자 푸슈킨이 결투에 사용했던 권총과 그의 시신이 놓여 있던 자리가 고스란히 보존돼 있다.

도심 곳곳에 자리한 푸슈킨 동상

솔직히 처음에는 취재 때문에 발레 공연을 보면서도 큰 재미를 느끼지는 못했다. 그런데 무용수들의 기량만을 감상하던 내게 발레의 재미를 알게 해준 작품이 바로 〈오네긴〉이

푸슈킨이 실제 결투에서 사용했던 권총

상트페테르부르크

안무: 존 크랑코 John Cranko

음악: 표트르 차이콥스키.
차이콥스키의 오페라 〈유진 오네긴〉은
1879년에 초연됐으나, 발레는 차이콥스키
의 다른 음악을 편곡해 사용한다.

초연: 1965년 독일 슈투트가르트 극장

시놉시스: 지성과 외모를 겸비한 사교계의
스타 오네긴. 잠시 시골에 머물게 된 그는

시인 친구인 렌스키의 소개로 타티아나와 올가를 만나게 된다. 렌스키의 애인인 올가는 활
달한 반면 타티아나는 책에 빠져 사는 수수하고 사색적인 여인. 아름다운 사랑을 꿈꾸던 타
티아나는 오네긴에게 첫눈에 반하고 사랑을 고백하는 절절한 편지까지 건넨다. 하지만 오
만하고 거만한 오네긴은 시골 처자의 마음을 단호하게 거절한다. 타티아나의 영명축일, 지
루한 오네긴은 재미삼아 올가에게 접근한다. 질투에 눈이 먼 렌스키는 오네긴에게 결투를
신청하고, 오네긴은 결국 그를 죽음에 이르게 한다. 시골을 떠나 오랜 세월을 방랑하던 오
네긴은 퇴역한 공작의 파티에 초대되는데, 그곳에서 한껏 성숙해진 공작의 아내 타티아나
를 만난다. 오네긴은 타티아나에게 미친 듯이 구애하지만 이번에는 타티아나가 그 마음을
거절한다.

다. 이 작품의 매력은 무엇일까? 바로 '우아하고 아름다운 발레'를 뛰어
넘어 '마음을 나누는 무대'를 만들어냈다는 데 있다. 이것이 드라마 발
레의 특징이기도 하다. 예습 없이도 스토리를 이해할 수 있다.

나는 이 작품을 볼 때마다 오네긴의 첫 등장이 기다려진다. 검은 발레
복 차림으로 기다란 다리를 느릿느릿 뻗어나가는 그 오만하고 나른한
움직임에서 오네긴의 캐릭터를 짐작할 수 있다.

타티아나는 어떤가? 오네긴에게 마음을 빼앗겨 종종걸음으로 무대를 휘젓는 사랑스러운 모습에서 사랑을 거절당해 비통해하는 모습, 몇 번이나 사랑을 호소하는 모습이 모두 춤으로 표현되고, 관객들은 그 몸짓만으로도 그녀의 애절한 마음을 읽을 수 있다. 오네긴과 타티아나가 다시 만나는 3막을 보고 있노라면 가슴이 저며온다. 타티아나를 갈구하는 오네긴과 그 마음을 애써 뿌리치며 돌아서는 타티아나의 마음이 사실적으로 표현된다.

나는 발레 〈오네긴〉을 볼 때마다 1막에서는 싱긋 웃고, 2막에서는 안타까운 심정이 되고, 3막에서는 애통함에 울게 된다. 1막과 3막, 두 주인공의 파드되 <u>이중무</u>를 비교해보면 흘러간 시간과 달라진 감정선의 간극이 고스란히 전해진다. 그 어떤 말이 이들의 몸짓을 대신할 수 있을까!

가끔은 길을 잃어도 좋다

상트페테르부르크에서의 마지막 하얀 밤. 공연이 끝나고 마린스키 극장 밖으로 나오자 여전히 밝은 햇살 아래 10등신 미녀들의 화려한 드레스가 눈에 들어온다. 등이 훤히 파인 드레스 차림으로 담배를 깊게 빨아들인 뒤 빨간 스포츠카를 타고 떠나는 모습은 마치 영화의 한 장면 같다. 마피아 두목의 애인쯤 되는 것일까?

하지만 나는 멋진 스포츠카 대신 낡은 버스를 타야만 했다. 내일 오전 비행기라 중앙역인 모스크바 역 근처로 숙소를 옮겼는데, 할 수만 있다면 상트페테르부르크에 한 달쯤 머물며 이곳의 모든 것들을 한 올 한 올 새겨 넣고 싶다.

그런데 버스는 왜 이렇게 안 올까? 벌써 한 시간째 기다리고 있는데, 근사하게 차려입은 현지인들은 모두 떠나고 나 같은 관광객들만 삼삼오오 남았다. 모두들 영문을 모르고, 이 나라의 청년들은 정녕 영어 공부를 하지 않는지 물어봐도 웃기만 한다.

밤 11시가 넘었으니 결단을 내려야 했다. 자정을 넘겨 운행하는 버스는 많지 않을 테니까. 일단 아무 버스나 타고 넵스키 대로로 가기로 했다. 거기까지만 가면 다른 버스로 쉽게 갈아탈 수 있을 것이다(내일 출국이라 루블은 깔끔하게 바닥냈다. 그리운 한국의 카드택시여!). 버스를 탔다. 혹시나 하는 마음에 옆에 있는 10대 소년에게 지도를 보이며 넵스키 대로를 가리켰다. 고개를 좌우로 흔든다. 어디선가 나타난 할아버지도 아니란다. 이건 또 무슨 상황이지?

잠시 뒤 10대 소년이 내리자며 내 팔을 잡아당긴다. 나는 고개를 저었지만 할아버지도 내려야 한다는 표정이다. 결국 그들에게 떠밀려 버스에서 내렸다. 소년은 '돈 워리Don't worry' 하면서 자신들이 넵스키 대로까지 데려다주겠다는 손짓을 했다(너 같으면 걱정을 안 하겠니?). 할아버지와 소년 사기단이 나를 어디 몹쓸 곳으로 데려갈 수도 있다는 걱정과 그럼에도 뾰족한 대안이 없어 거의 울상을 짓고 그들과 나란히 걸었다. 그런 내가 안돼 보였는지 소년은 해맑은 미소와 함께 '돈 워리'를 연발한다.

예술이 좋아 떠나는 유럽

백야의 도시에 잠시 찾아든 어둠, 그 속에 불을 밝힌 넵스키 대로

　그렇게 20분쯤 걸었을까? 우리는 넵스키 대로에 닿았다. 그런데 이게 웬일인가? 자정을 코앞에 둔 거리에는 자동차가 아니라 사람들이 넘쳐난다. 마치 혁명의 그날처럼 사람들이 넵스키 대로를 점령했다. 소년은 '이제 알겠지?'라는 표정으로 나를 바라봤다. 알고 보니 6월에 있는 고등학생들의 졸업식이 상트페테르부르크에서는 큰 축제란다. 네바 강에 붉은 돛단배를 띄우고 불꽃놀이를 하며, 넵스키 대로의 차량 통행까지 제한하기 때문에 버스 운행이 평소와는 달랐던 것이다. 대놓고 의심한 소년과 할아버지에게 너무 미안해서 말로 몸짓으로 몇 번이나 사과했다.

　하지만 넵스키 대로에 버스가 있으리라 믿고 여기까지 온 나는 어찌

해야 한단 말인가? 다행히 넵스키 대로는 직선 도로이고 이렇게 사람이 많으니 길을 잃거나 위험하지는 않겠지만 족히 2.5킬로미터는 더 걸어야 할 판이다. 내일 비행기는 탈 수 있을까? 짐도 정리해야 하고 알아볼 것도 많은데, 왜 하필 오늘 졸업식을 해서는……. 상트페테르부르크는 마지막까지 나를 힘들게 하는구나.

축제를 즐기는 수천 명의 사람들 속에서 혼자 침통한 표정으로 발걸음을 재촉했다. 그렇게 얼마나 걸었을까? 자정을 넘기면서 다소 어둑해진 넵스키 대로에 일제히 조명이 들어왔다. 순간, 걸음을 멈출 수밖에 없었다. 금빛 옷을 차려입은 고풍스러운 건물과 쭉 뻗은 도로, 그 거리를 가득 메운 사람들.

앞만 보며 전속력으로 걷던 나는 몸을 옆으로 360도 돌리면서 그 멋진 모습을 조심스레 눈에 담는다. 정말이지 눈물이 날 것만 같았다. 한여름 햇빛이 점령한 이 도시에 잠시 어둠이 깔리는 모습도 진풍경이다. 혼자라서 항상 어두워지기 전에 숙소에 들어가곤 했는데, 이렇게 뜻밖의 선물을 받다니! 그제야 속도를 늦춰 상트페테르부르크의 진정한 밤거리를 거닐었다.

나는 야밤에 넵스키 대로를 거닐며 상트페테르부르크에 조금 더 머물기로 결심했다. 예매해둔 비행기 값을 고스란히 포기해야 하고 다음 일정이 뒤엉키겠지만 이것 또한 여행의 묘미, 하늘의 계시라고 생각하기로 했다.

덕분에 공연을 몇 편 더 보고, 여름궁전 <u>표트르 대제가 프랑스의 베르사유 궁전을</u>

250개의 조각상과 분수로 유명한 여름궁전

본떠 상트페테르부르크 인근에 만든 별궁으로, 250개의 조각상과 분수로 유명하다. 대중교통으로 찾아갈 수 있지만, 에어컨이 없는 버스를 타고 40분쯤 가야 한다. 일행이 있다면 투어를 신청하는 게 좋다. 에도, 예술가들의 공동묘지에도 찾아가 봐야지 수도원 입구에 양쪽으로 공동묘지가 있는데, 오른쪽이 예술가들의 묘지다. 또 꽃이 가득한 테라스에서 운하를 바라보며 낮잠도 청해보고, 한국에 있는 친구들에게 엽서도 쓸 테다.

참, 에르미타주 박물관에도 가야지. 원래 러시아 황제의 겨울궁정 별관이었는데 예카테리나 2세가 미술품을 수집하면서 박물관이 됐다. 400여 개의 방에 총 전시품이 3만여 점. 작품 한 점에 1분씩만 봐도 17년이 걸린다는 말이 있다. 특히 모네, 고흐, 세잔, 피카소, 마티스, 샤갈 등 서양 미술을 대표하는 화가들의 주요 작품이 연대순으로 전시돼 있는 서양미술관은 원하는 화가의 그림을 수집할 수 있었던 과거 러시아의 힘을 대변하는 듯하다.

그리고 보니 상트페테르부르크는 십수 년 만에 다시 만난 풋사랑 같다. 오랜 시간 혼자 써내려간 수많은 시나리오를 읊느라 나는 한껏 들뜨고 벅찬 반면, 온전히 다른 삶을 살아온 상대는 그러거나 말거나다. 조금 민망하지만, 마음에 품었던 것을 쏟아낸 것으로도 속이 후련하다. 그리고 기회가 된다면 다시 한 번 만나고 싶다. 그때는 조금 더 당당하게, 조금 더 세련되게 말이다.

상트페테르부르크 백야 축제: 발레, 오페라, 연주회, 다양한 거리공연
티켓 예매 사이트: http://www.balletandopera.com/
마린스키 극장: http://www.mariinsky.ru/en
개최 시기: 매해 5월 말부터 두 달
개최지: 러시아 상트페테르부르크
찾아가는 법: 인천공항에서 직항이 있다. 헬싱키에서 기차 또는 탈린에서 버스로도
이동할 수 있다.

Dubrovnik

Hvar

현재를
즐기다

● 두브로브니크에서 흐바르 ●

본격적으로 공연여행에 나섰을 때 일부 구간을 동행하고 싶다며 휴가를 맞춰 나오겠다는 지인들이 있었다. 영국 생활에 이어 꽤 긴 시간을 홀로 떠돌고 있을 테니 그들이 무척 반갑겠지만, 한편으로는 공연 일정에 맞춰 거리나 경비는 따지지도 않고 이동하는 나의 여행을 과연 함께할 수 있을까 걱정이었다. 여행이 시작되자 다행인지 불행인지 실제로 한국에서 날아오는 지인들은 없었다. 단 한 명, Y선배를 제외하고.

Y선배는 모든 일정을 내게 맞추겠다고 했다. 그리고 한국 음식을 비롯

해 필요한 것은 뭐든 가져오겠다며 말만 하라고 했다. 중유럽의 이상 기후에, 잦은 이동에, 헤매고 긴장하는 매 순간 지쳐 있던 내게는 사막의 오아시스 같은 울림이었다.

그래서일까? Y선배가 유럽으로 올 즈음에는 향수병이 짙어지고 기대고 싶은 마음까지 비집고 나와 결국 그리스로 가려던 일정을 미루고 독일에서 며칠 쉬어야만 했다. 그리고 그녀는 워히터 록 페스티벌에 가야 하는 내 일정에 맞춰 정말로 네덜란드 암스테르담으로 날아와 바로 기차를 타고 벨기에 루뱅으로 달려왔다.

헬스장 가듯 유럽으로 날아온 Y언니

사막의 많은 오아시스가 그렇듯 그것은 내 갈망이 만든 신기루였다. 그녀는, 그러니까 Y선배는, 아니 Y언니는 실제로 나타나기는 했다. 동네 헬스클럽에 가듯 숏팬츠에 슬리퍼를 끌고, 나를 위한 모든 것이 들어 있기에는 너무나 작은 배낭만 메고 말이다. 필요한 건 말만 하라던 Y언니는 생필품이라 불리는 것조차 가져오지 않아서 내게서 모든 것을 공급받고 있다. 몸에 바르는 모든 것, 그것을 지울 때 쓰는 모든 것, 비바람을 가릴 때 쓰는 모든 것, 그밖에 다른 모든 것.

"캐리어가 이렇게 작은데 이게 다 들어가? 하여튼 꼼꼼해!"

"난 그것만 달랑 들고 이 먼 나라까지 올 수 있는 언니가 더 신기하다."

"하하하하, 미안. 일을 미리 해놓느라 며칠 잠을 못 잤더니, 비행기도 간신히 탔다니까. 괜찮아, 카드가 있잖아."

신용카드는 나도 있다고요! 나라면 시름에 빠졌을 것이다. 나는 늘 써 오던 제품만 사용하니까. 화장품도 생리용품도 심지어 칫솔까지도. 게 다가 결벽증이라 불리는 증세가 살짝 있고, 못 먹는 음식도 많고, 가리는 것도 많고, 한마디로 (본의 아니게) 까다로운 편이다. 그러니 내가 Y언니 였다면 제풀에 지쳐, 무엇보다 가져오겠다고 호언장담해놓고 약속을 지 키지 못한 것에 내내 심기가 불편했을 것이다.

여기 어디? 두브로브니크

"어떡해, 정말 예뻐!"

포동포동 살 오른 아기 피부처럼 사방이 뽀얀 두브로브니크를 보며 Y언니가 환호하는 소리다. 그 모습을 보니 마음이 조금 놓인다. 그래, 고 생한 보람이 있으면 된다.

우리는 브뤼셀에서 오전 6시 비행기를 타야만 했다(공항까지 이동하고 수속하는 시간을 감안하면 새벽 3시에 일어났다는 얘기다). 유럽 내에서도 크 로아티아 두브로브니크로 들고 나는 비행기 편은 횟수가 많지 않은 데 다 가격도 비싸서 나름대로 최선책을 찾은 것이지만 미안한 마음은 어 쩔 수가 없었다. Y언니에겐 긴 노동 중에 맞는 짧은 휴가일 텐데 이렇게 고단하게 움직여야 하니 말이다. 이탈리아 바리에서 밤새 페리를 타면 뱃전에서 두브로브니크의 일출을 볼 수 있다고 해서 그 방법도 고려했

예술이 좋아 떠나는 유럽

미끈하게 쭉 뻗은 스트라둔 대로

었는데 욕심내지 않길 천만다행이다.

체크인 시간이 한참 남았기에 우리는 바다가 훤히 내다보이는 노천 레스토랑에 자리를 잡고 앉았다. Y언니가 유일하게 잘 챙겨온 신용카드를 사용할 차례라고나 할까? 일단 시원한 과일주스로 아직 졸고 있는 뇌를 깨운 다음 해산물 스파게티와 해산물 리조토, 모히토를 주문했다. 또 먹고 마시는 데는 일가견이 있는 선배라 알아서 주문하게 두고 너무 많다 싶으면 멈추게 하면 된다.

음식이 나오는 동안 우리는 성벽 너머로 목을 빼고 두브로브니크의 특별함을 목격한다. 크림색의 성벽과 그 안에 다소곳하게 자리 잡은 집들, 잘 익은 오렌지처럼 탐스러운 지붕, 뽀얀 하늘, 그 빛이 반사돼 더욱 파란 바다. 곡선의 우아한 멋이 유독 돋보이는 두브로브니크의 성벽 사이사이에는 잘생긴 하얀 보트들이 정박해 있어 운치를 더한다.

아드리아해에 접해 있는 두브로브니크는 7세기에 도시가 형성되기 시작했고, 15세기와 16세기에는 상선이 활발하게 바다를 누비며 부를 쌓았다. 필레 문을 통해 구시가지에 들어서면 당시 이 도시가 얼마나 번창했는지 알 수 있다. 성곽으로 둘러싸인 구시가는 중세를 배경으로 한 영화의 세트장 같다고 할까. 그리고 당연한 일이지만, 구시가지 전체가 유네스코 세계문화유산으로 지정돼 있다. 13세기부터 베네치아 공화국의 지배를 받았던 두브로브니크에도 르네상스가 꽃을 피운다. 소폰자 궁전, 렉터스 궁전 등 르네상스 양식의 건축물이 세워지는가 하면(1667년 대지진으로 많은 건물들이 무너지면서 이후에는 바로크 양식으로 재건됐는데, 이 때문에 구시가에는 르네상스와 바로크 양식의 건축물이 공존하며 특별한 분위기를 자아낸다) 필레 문 왼쪽에 있는 프란체스코 수도원에는 약국이(1317년), 오른쪽에는 대형 수로 시설인 오노프리오 분수(1448년)가 들어섰다.

지금도 물이 나오는 오노프리오 분수

스폰자 궁전까지 스트라둔 대로를 따라 걷다 보면 곳곳에 골목길이 이어지는데 수많은 레스토랑과 노천카페, 기념품 가게들이 관광객을 유혹한다. 건축물은 물론이고 좁은 골목길마저도 아이보리색 돌길로 돼 있다. 그 옛날에 이렇게 큼지막하고 반질반질한 돌들을 어디에서 구해왔을까? 조금만 발길을 돌리면 앙증맞은 돌계단을 따라 굽이굽이 집들이 이어지고, 다른 방향으로 성벽을 따라 걷다 보면 어느새 새하얀 보트들이 정박된 파란 바다가 넘실거린다. 사방에 보석상자가 숨겨진 미로 속을 헤매는 기분이다.

세상에서 가장 강력하고도 아름다운 요새인 두브로브니크의 성벽은 해안을 따라 구시가지를 감싸고 있는데, 베네치아 공화국 시절에 지어

두브로브니크에서 호바르

성벽 구멍으로 보이는 구시가지

진 이후 여러 차례 증축되며 외세로부터 이 도시를 지켜왔다. 총길이가 약 2킬로미터, 최고 높이는 25미터에 달한다. 특이하게 성벽 위를 쭉 걸을 수 있게 길이 나 있는데, 한 시간 이상 걸리는 코스를 가릴 것 하나 없는 쨍쨍한 햇빛에 맞서 걷는 건 쉬운 일이 아니다. 하지만 성벽 위에서 다각도로 내려다보는 뽀얀 구시가지의 속살과 그 너머로 펼쳐진 에메랄

예술이 좋아 떠나는 유럽

성벽 위에서 내려다본 그림 같은 두브로브니크

드빛 아드리아 해는 영원히 잊히지 않을 듯이 뇌리에 파고든다.

크로아티아는 2차 세계대전 후 슬로베니아, 보스니아, 세르비아, 마케도니아, 몬테네그로 등과 함께 유고연방을 이루다 1991년에 독립을 선언했다. 하지만 이에 반대하는 세르비아가 전쟁을 일으켰고, 이 과정에서 두브로브니크 역시 무차별적인 공격을 받았다(아직도 곳곳에 그때의 참혹한 흔적이 남아 있다). 당시 유럽의 지식인들이 인간 방패가 돼서 포격에 맞섰다는 말을 들었다. 지금 내 눈앞에 펼쳐진 모습이 그들이 지키고자 했던 두브로브니크의 가치인 것이다.

절벽에 자리한 카페

우리도
두브로브니크 사람들처럼

Y언니와 나는 언덕 위의 집을 빌렸다. 정확히 말하면 Y언니가 예약한 것이다. 동행 구간의 숙소는 Y언니가, 교통편과 공연은 내가 알아보기로 했기 때문이다.

이 집은 구시가지에서는 상당히 떨어져 있어 택시로 이동해야 했지만, 집집마다 꽃나무가 만발한 주택가라 한없이 평온한 데다 1층 주인집에 말을 하면 포도넝쿨이 드리워진 야외 테라스에서 아침을 먹을 수 있어서 좋았다. 두브로브니크에 살면 이런 기분일까 싶기도 하고, 정말 쉬고 있다는 생각도 든다. 또 동네 마트에는 값싼 와인이, 야채 가게에는 싱싱한 과일이 넘쳐나서 숙소에 돌아올 때마다 Y언니는 와인을 짊어지고, 나는

예술이 좋아 떠나는 유럽

체리와 자두, 사과 등을 끌어안
고 오곤 했다.

이곳에서 보는 야경은 꽤 근
사해서 우리는 밤마다 발코니에
나와 와인을 홀짝이며 한국에서
라면 하지 않았을 말들을 쏟아
냈다. 평소에도 이런저런 얘기
를 나누는 사이였지만, 좀 더 근
원적인 무언가를 말이다.

그러고 보면 우리는 여행길에
만난 누군가에게 쉽게 속내를
털어놓는다. 때로는 낯선 이에게
오랫동안 묵혀서 곪아터진 상처
마저 드러내지 않는가. 이럴 때
면 여행이 마치 삶의 간이 상담
소 같다. 일상의 시공간을 벗어
난 여행길에서 우리는 다 털어
내고 가벼워지고 싶은가 보다.

꽃나무로 장식된 정원을 지나
쳐 대문을 열고 나오면 층층이
두브로브니크가 다른 각도로 펼

맥주를 마시다 그대로 바다로 뛰어드는 사람들

아드리아 해를 바라보며 맥주 한 잔

쳐지는 하얀 돌계단이 나온다. 그 계단을 한참 내려가다 골목길로 빠져들자 열대지방에나 있을 법한 화려하고 큼지막한 꽃송이들이 매혹적인 색과 향으로 존재감을 과시했다. 그 골목을 따라 계속 걷다 다시 하얀 돌계단을 좀 더 내려가면 신기하게 구시가지에 도달하게 되는데, 날씨는 무덥지만 몇 번이나 같은 돌계단과 골목을 걸어도 좋을 아름다운 곳이다. 떠나온 벨기에만 해도 날씨가 선선했는데, 이곳에 오자마자 긴 옷들은 옷장에 넣고 짧고 시원한 옷들을 꺼냈다. 눈부신 햇빛, 그만큼 화사한 사람들의 표정과 옷차림에서 마음까지 덩달아 산뜻해진다.

무언가 '다름'이 있다는 건 참 재밌는 일 같다. 그때는 모르지만 떠나오면 또 다른 상황에서 새로움을 느끼게 되니까.

예술이 좋아 떠나는 유럽

두브로브니크는 카페마저도 새로웠다. 절벽에 아슬아슬하게 조성된 카페, 바다 쪽에서 보자면 절벽을 따라 켜켜이 탁자가 놓여 있는 셈인데, 아드리아해와 잇닿아 있어 사람들은 그대로 바다로 뛰어들기도 한다. 절벽에서 다이빙하는 것이다. 그들은 바다에서 마음껏 헤엄을 치다 다시 카페로 올라와 맥주를 마셨다. 해보지 그랬냐고? 수영을 못하는 나는 엄두도 못 냈고, 자꾸 바다로 뛰어들겠다는 Y언니를 말리느라 힘들었다. 더구나 우리는 공연을 보러 가기 위해 나름 챙겨 입고 나온 터였다.

두브로브니크 여름 축제

1950년에 시작된 두브로브니크 여름 축제는 매해 7월 10일부터 8월 25일까지 열린다. 'Walls of Stone, Heart of Art'라는 제목 아래 심장이 그려진 이 축제의 포스터를 처음엔 아무 생각 없이 바라봤는데, 그러고 보니 성곽으로 둘러싸인 두브로브니크 구시가지의 모습이 딱 심장 모양이다. 기발하다! 일찍이 문학과 예술이 꽃을 피웠던 두브로브니크인 만큼 이 페스티벌은 크로아티아의 문화예술을 대표하면서 동시에 유럽의 예술가들과 함께하는 축제로 자리매김했다.

내전 중이던 1992년에는 오프닝 행사 대신 두브로브니크 극작가인 이반 군둘리치 Ivan Gundulić의 자유의 축가가 라디오를 통해 흘러나왔는데, 이때 황폐해진 스트라둔 대로의 시민들은 창문에 촛불을 밝히며 그들만의 엄숙한 축제를 벌였다고 한다. 그래서일까? 페스티벌이 시작되는

7월 10일이 되면 필레 문 위에 'Libertas <u>자유</u>'라는 글이 쓰인 깃발이 붙
는다.

축제는 50일 가깝게 이어지며, 클래식 연주회에서 연극, 오페라, 발레
등 다채로운 공연이 구시가지 곳곳에서 펼쳐진다. 아니, 성벽 안 모든 공
간이 완벽한 무대가 되고, 모든 돌계단이 그대로 객석이 된다. 성문으로
배우들이 등장하고, 2층 발코니에서 사랑의 세레나데를 부르는가 하면
궁전 앞마당에서는 무용수들이 깃털처럼 가볍게 춤을 춘다. 평소에는
두브로브니크 사람들의 삶의 터전인 이곳이 축제 기간에는 음악과 연
극, 춤과 함께 연출이 따로 필요 없는 상상의 무대가 되는 것이다.

특히 페스티벌이 시작하는 날에는 우리가 머무는 주택가에서도 수많

은 사람들이 구시가지로 몰려가는 것을 볼 수 있었다. 놀랍도록 화려한 파티복 차림으로 말이다. 보통 다른 도시의 페스티벌은 여행객들의 관광 상품이 돼버렸지만 두브로브니크에서는 현지인들도 이 한여름의 축제를 한껏 즐긴다. 오프닝 행사가 끝나면 화려한 불꽃놀이가 펼쳐지고 밤늦도록 춤과 노래가 이어지면서 철옹성 같은 성벽 안은 웃음꽃이 만발한 사람들과 현란한 불빛, 여기저기에서 터져나오는 음악소리로 들썩인다. 두브로브니크의 저 성문을 통과한 사람들은 모두 축제라는 외딴 시간과 공간에 취해 있는 듯하다.

크로아티아의 숨은 천국, 흐바르 섬으로 가다

　Y언니와 나는 다시 택시를 타고 항구로 가고 있다. 일주일에 두 차례 밖에 없는 흐바르 섬으로 가는 페리를 타야 한다. 흐바르 섬으로 가는 페리는 생각보다 훨씬 컸다. 계단을 한참 올라가 배를 탄 뒤에도 또다시 계단을 따라 객실로 이동해야 했다. 커다란 레스토랑, 미니 스낵바, 에어컨이 심하게 나오는 객실, 에어컨이 나오지 않는 갑판의 객실, 그리고 뙤약볕이 바로 떨어지는 갑판. 이렇게 큰 배가 바다 위에 떠 있다는 것이, 그리고 저 뙤약볕 아래 수많은 청춘들이 널브러져 있다는 것이 신기하다.

페리 타고 흐바르 도착

그러고 보니 갑판 쪽에서 제대로 된 옷을 입고 있는 사람은 Y언니와 나밖에 없다. 우리가 비정상적으로 보일 지경이다.

"맞다, 내 옷!"

"무슨 옷?"

"옷장에 걸어두고 그냥 왔어."

며칠 동안 크로아티아는 너무 더워서 긴팔 셔츠와 점퍼, 검은 진은 옷장에 걸어둔 채 까맣게 잊고 있었다. 그러고는 가방이 조금 가벼워진 것 같다며 좋아했다. 바보 같다.

"가끔 이렇게 허당인 구석이 있어서 좋더라."

며칠 후 네덜란드로 가야 하는 만큼 다시 쌀쌀해질 날씨를 걱정하느라, 아끼는 검은 진과 벨트에 대한 미련으로 속 끓이고 있는 내게 Y언니는 피식 웃으며 말했다.

"너무 완벽하면 재미없잖아. 빈틈이 좀 있어야지."

Y언니는 그렇게 말한 것을 후회했을 것이다. 노트북을 충전하기 위해 안내 데스크에 갔던 나는 흐바르 섬에 언제 도착하는지 물어보았다(운항 스케줄은 아무리 봐도 무슨 말인지 모르겠다). 그런데 청천벽력 같은 소리를 들었지 뭔가!

"언니, 미안해……. 여덟 시간이나 걸린대."

지도에서 보면 가까운데, 여덟 시간이면 흐바르 섬이 아니라 이탈리아 바리에 갈 수 있는 시간이 아닐까? Y언니는 2년 전에 디스크 시술을 받았다. 이유식으로 산삼을 먹었나 싶게 건강한 데다 꾸준히 운동을 해서 저 정도지, 나라면 해외여행은 꿈도 못 꿨을 것이다. 하지만 여덟 시간이나 이동하는 것은 분명히 무리일 것이다. 딱히 할 것도 없는 이 배 안에서.

"할 수 없지. 중간 중간 스트레칭 하고, 나도 재들처럼 갑판에 드러눕든지 할게."

세상에서 가장 아름답다는 아드리아 해도 두 시간을 보고 있으니 지겨워진다. 갑판 위의 청춘들은 아슬아슬한 수영복 차림으로 여전히 앞뒤로 뒤집으며 몸을 굽고 있다. 저러다 정말 타버리면 어쩌려고. Y언니도 음악을 듣다 길게 누워 잠을 자다 때때로 스트레칭을 한다. 싫은 기색도 없이(더 미안하게시리). 어쩌면 이 배 안에서 여덟 시간이라는 항해 시간 때문에 징징거리고 있는 사람은 나뿐인 것 같다. 순간을 즐기는 방법, 상황을 받아들이는 방법에 취약하다는 걸 새삼 깨닫는다.

페리는 스타리그라드 Stari Grad 라는 곳에 도착했고, 그곳에서 다시 버스로 20분을 달려 흐바르 타운에 도착할 수 있었다. 인포메이션 센터에 관광 지도가 있기에 호텔 주소를 알려주며 어떻게 찾아가느냐고 물었다. 직원의 말로는 우리가 머물 호텔은 이 지도에 없다고 했다. 훨씬 외곽에 있어서 대중교통은 없고 택시를 타야 한단다. 그럼 다시 택시를 타야 중심지로 나올 수 있다는 말인데, 사실 우리는 비슷한 상황을 줄곧 겪고 있다.

"이상하네, 그렇게 멀지 않다고 했는데. 지금 성수기라 센터 쪽은 방도 없고 너무 비싸더라고."

"응, 그래서 언니한테 5월 초에 루트를 알려준 것 같긴 한데."

"내가 미리 하는 성격은 아니잖아. 막판에는 너무 바빠서 중앙역에서 10킬로미터 안쪽에서 적당한 호텔을 그냥 예약했거든."

10킬로미터? 그건 좀 아니잖아! 유럽의 택시비가 비싸기도 하지만, 특히 이런 곳은 부르는 게 값이다. 거리는 가까워도 대안이 없으니까. 결국 Y언니와 나는 2만 원가량을 내고 택시를 탔고, 10분 만에 해변가에 자리 잡은 외딴 호텔에 도착했다. 숙소는 어땠을까? 방은 찜통 같은데 에어컨은 없고 모기까지 많다. '내게 놓인 상황을 받아들이고 순간을 즐기자'던 여덟 시간의 득도는 물거품처럼 사라졌다.

여기 어디? 흐바르

어쨌든 Y언니와 나는 흐바르 타운으로 다시 나가야 했다. 산속에서 묵언수행을 하러 흐바르 섬에 온 건 아니니까. 흐바르는 아드리아 해와 크로아티아 본토 사이에 자리하고 있다. 지중해의 다른 낙원들처럼 일조량이 풍부해 좋은 와인을 생산하고 있고, 섬을 뒤덮고 있는 라벤더와 로즈메리는 흐바르에 특별한 향기를 더한다. 섬 어디서나 즐길 수 있는 해수욕, 싱싱한 먹을거리, 중세의 근사한 건축물을 품고 있는 흐바르는 세계적인 휴양지로 각광받고 있다.

흐바르 타운의 중심인 스테판 광장에 들어서면 수많은 시간이 공존한다. 반질반질한 돌바닥 위로 세월의 무게를 과시하는 말간 석조건물들

스테판 광장의 한가로운 모습

은 대부분 14세기에서 17세기 베네치아 공화국 시절에 지어진 것들인데, 금방이라도 하얀 드레스를 나풀거리는 여인들이 깃털 달린 부채를 들고 나올 것만 같다. 이 우아한 건물들 주위로는 수많은 레스토랑과 노천카페가 들어서 있고, 그 앞으로는 셀 수도 없이 많은 요트가 정박된 항구가 있다. 유럽의 항구가 유독 운치 있게 느껴지는 것은 바로 이 요트 때문이 아닐까? 깔끔하게 정돈된 항구에는 모양도 크기도 제각각인 배들이 저마다의 자태를 뽐내고 있다. 항구 주변의 해산물 가게에는 갓 잡아 올린 물고기들이 팔딱이고, 광장 곳곳에서 라벤더 오일과 방향제를

예술이 좋아 떠나는 유럽

파는 모습도 보인다. 돌계단 사이사이 좁은 골목길을 따라 사람들이 살아가는 모습을 구경하다 보면 세계의 여행객들이 굳이 이곳까지 찾아와 고단한 몸과 마음을 쉬고 싶어하는 이유를 알 것만 같다.

노천카페에 앉아 마치 꿈을 꾸는 듯 흐바르 타운의 운치를 만끽하던 Y언니와 나는 16세기에 만들어진 언덕 위 요새를 찾아 나섰다. 오늘 밤 요새에서는 야외 재즈 공연이 있기 때문이다.

라벤더가 만발하는 6월에 시작해 10월까지 이어지는 흐바르 여름 축제는 벌써 50회가 넘었다. 두브로브니크나 인근 스플리트에서 열리는 여름 축제에 비하면 그 명성이나 프로그램은 부족한 면이 있지만, 이미 휴양지의 여유를 흡수한 관객들은 여름 동안 섬 곳곳에서 펼쳐지는 클래식과 재즈, 포크 콘서트에 넉넉한 박수를 보낸다. 무엇이든 즐기고 기뻐할 준비가 돼 있다고 할까?

흐바르 타운을 한눈에 내려다볼 수 있는 요새 마당에는 테이블들이 놓여 있고, 관객들은 술과 음료를 마시며 재즈밴드의 공연을 감

두브로브니크에서 흐바르

요새 위 한밤의 재즈카페

상하고 있다. 이렇다 할 무대장치가 없는데도 잿빛 성벽을 배경 삼아, 밤 하늘의 별을 조명 삼아 흘러나오는 연주와 노래는 내 안의 무언가를 녹이는 것 같다. 나만 이런 기분을 느끼는 것은 아니었는지 살며시 불어오는 미풍에 몇몇 관객들이 무대 쪽으로 나가 춤을 춘다. 이야, 할아버지 할머니 커플까지. '카르페 디엠Carpe Diem', '현재를 즐기라'는 이 말이 크로아티아를 여행하는 내내 맴도는 건 왜일까?

예술이 좋아 떠나는 유럽

크로아티아의 밤바다에서 나를 만나다

　요새로 오르내리는 길에 내려다본 흐바르 타운의 모습은 정말 아름답다. 초저녁에 파란 바다와 하얀 보트, 오렌지 빛 지붕의 고풍스러운 집들이 따뜻한 그림이었다면, 한밤에 각종 불빛으로 반짝이는 흐바르 타운은 값비싼 보석처럼 매혹적이다. 휴양지답게 흐바르의 밤은 한낮만큼이나 그 열기가 대단하다. 클럽을 중심으로 거리마다 사람들이 넘쳐나서 우리는 수상택시를 타기까지 한참을 헤매야 했다.

　그런데 수많은 보트들이 정박해 있는 항구는 무척 캄캄했다. 나의 눈은 어둠에 익숙해지기까지 오래 걸리는 편인데(공연이나 영화가 시작된 뒤에 극장 안으로 들어서면 여지없이 넘어진다), 그래서인지 부두와 바다, 보트를 전혀 분간할 수 없다. 하나도 안 보인다고 유난을 떨었더니 보트 주인이 자리에 앉는 것까지 도와줬지만, 승용차 크기 정도인 이 작은 보트에는 이렇다 할 안전장치도 없다. 조금만 잘못 움직이면 새카만 바다에 그대로 빠질 것 같았다. 나의 공포에는 전혀 관심 없는 보트는 출발과 함께 점점 속도를 내더니 바다를 거세게 가르는 소리가 들린다. 보트 주인은 적외선 안경을 썼나? 눈을 가린 채 마피아 소굴에라도 끌려가는 기분이다.

　불안에 떨고 있는 나와 달리 Y언니는 밤바람이 상쾌하다는 둥, 저 멀리 반짝이는 불빛을 보라는 둥, 밤에 보트를 타는 낭만에 제대로 취해 있다. 순간 그녀의 뇌구조가 궁금했다. 대체 나와는 어떤 다른 성분이 분비되고 있는 것일까? 숙소는 왜 이렇게 멀리 잡은 건지! 애써 유연하려던 마음에 다시 투덜거림이 왕림하셨다.

그러다 문득 고개를 들었는데, 엄청나게 반짝거리는 것들이 보였다. 그리고 그 보석처럼 빛나는 것들은 금방이라도 와르르 쏟아질 것만 같다. 내가 고개를 들었으니 하늘일 테고, 저 보석들은 별이겠지? 우와! 그제야 몸에 잔뜩 들어가 있던 힘이 스르르 빠지면서 공포에 눌려 있던 다른 감각들도 덩달아 살아난다. 시원한 바람, 세찬 파도 소리, 약간은 비릿한 바다 내음, 그리고 그 순간 나는 아주 색다른 경험을 했다. 형체는 보이지 않지만 이 모든 것들을 느끼고 있는 나와 만났다고 할까? 그것은 분명한 존재감이었다.

사랑이니 우정이니 각종 추상명사가 알고 있는 것과 다른 의미인 것 같아 일대 혼란에 빠진 적이 있다. 그때는 스스로 마음에 들지 않아서 자꾸만 나를 바꾸려고 했다. 그런데 지금 이 칠흑 같은 어둠 속에서 마주하고 있는 나는, 본연의 나다. 까다롭고 복잡하고, 그래서 조금은 불편하게 세상을 살아가는. 하지만 정직하고 맑고 순수하고픈.

나를 믿어야, 스스로를 사랑해야 한 발짝씩 앞으로 나아갈 수 있다는 걸 긴 여행 중에 배웠다. 그러게, 내 안에 좋은 것도 많은데 왜 나쁜 것만 돋보기로 들여다봤을까?

새삼 이렇게 외진 곳에 숙소를 잡은 Y언니가 고마워지려고 한다. 선택과 만족의 폭이 넓어서 세상을 훨씬 재밌게 살아가는, 나와는 사뭇 다른 사람. 그러고 보니 이렇게 다른데 어떻게 친구가 됐을까? 내일은 아이스크림을 하나씩 들고 해안을 따라 천천히 걸어보자고 해야지. 아마 단 걸 싫어하는 Y언니는 바닐라, 새콤한 걸 좋아하는 나는 과일 맛을 고르겠지?

두브로브니크 여름 축제 Dubrovnik Summer Festival: 클래식 중심의 종합예술제

홈페이지: http://arhiva.dubrovnik-festival.hr/dubrovnik-summer-festival

개최 시기: 매해 7월 10일~8월 25일

개최지: 크로아티아 두브로브니크

찾아가는 법: 두브로브니크 국제공항, 유럽 각지에서 경유 가능

특징: 구시가지 곳곳에서 다수의 야외 공연 진행, 유료와 무료 공연이 있다.

흐바르 여름 축제 Hvar Summer Festival: 콘서트, 연극 등

흐바르 관광청 홈페이지 참고: http://www.tzhvar.hr/en/

개최 시기: 매해 5월 초~10월 초

개최지: 크로아티아 흐바르

찾아가는 법: 스플리트에서 쾌속선으로 1시간,
두브로브니크에서 성수기 두 차례 배편 이용 가능

특징: 섬 곳곳에서 야외 공연

Baltic States

마음의 십자가를
내려놓다

● **발트 3국** ●

'유럽 어디까지 가봤니?'라는 대한항공 광고 카피가 한창 역맛살 낀
유목민들의 마음을 흔들고 있을 때, 우연히 같은 제목의 여행기를 읽었
다. 그 멋진 카피를 제목으로 베꼈는데도 용서가 된 것은 대한항공이 닿
지 않는, 여행 좀 다녔다는 사람들도 쉽게 용기를 낼 수 없는 곳이기 때
문이다. 바로 에스토니아, 라트비아, 리투아니아를 아울러 부르는 발트
3국. 중세 모습을 고스란히 간직하고 있는 동화 같은 마을 전경과 아직
은 사람의 손을 덜 탄 자연환경, 다채로운 문화예술 행사는 '유럽 거기까

동화 속 주인공이 살고 있을 것 같은 탈린 올드타운 전경

지 가고 말겠어!'라는 불굴의 의지를 샘솟게 했다.

　이들 3개국은 역사적인 배경 때문에 마치 한 나라처럼 여겨지지만 사실 민족도 언어도, 통화나 종교마저도 다르다. 13세기 이후 발트해 연안의 지리적인 이점이 부각되면서 열강의 지배를 잇달아 받아야 했고, 특히 1991년까지는 옛 소련에 속해 있었다는 점이 닮은꼴일까?

여기는 에스토니아 탈린

백야 때문인지 저녁 9시가 지났는데도 줄곧 뜨거운 햇살이 비행기를 따라온다. 비행기가 고도를 낮추자 성벽으로 둘러싸인 앙증맞은 마을이 동화책을 편 것처럼 등장한다. 마치 소인국에 온 걸리버가 된 기분이다. 동화책의 한 페이지가 모조리 유네스코 세계문화유산으로 등록된 이곳, 바로 에스토니아의 수도 탈린이다.

밤 10시가 돼가고 있다는 이유로 택시를 잡아탔다(숙소에 도착해서도 한낮처럼 밝아 결국 마트에서 장까지 봤지만). 호텔까지 10유로라고 하니 뒷좌석에 편히 몸을 기대본다. 탈린은 다른 도시의 공항 리무진 가격으로 시내까지 택시를 탈 수 있을 정도로 아담한 도시다. 몇 년 전 통화 화폐가 유로로 바뀌면서 물가가 오르긴 했지만 어찌 다른 북유럽 도시에 비하겠는가!

중앙역 근처에 숙소를 잡았는데 호텔 창문으로 높다란 톰페아 성벽과 파스텔 톤의 건물들이 보인다. 13세기 북해와 발트해 연안 도시들의 해상 교역이 활발해질 때 탈린도 한자동맹에 가입하며 부를 쌓았다. 하지만 지리적으로 빼어난 곳에 자리한 탈린은 그만큼 외세의 침략에도 시달려야 했다. 그래서 총길이 2.4킬로미터, 높이 16미터에 46개의 탑을 가진 성을 쌓고 적의 침입을 감시했다 지금은 1.9킬로미터 길이에 20개의 탑이 남아 있는 상태다. 하지만 독일과 스웨덴 등에 이어 결국 1721년에는 제정 러시아의 지배를 받아야 했고, 1918년 러시아 혁명기 때 독립하지만 소비에트연방이 구축되면서 1940년 다시 강제 병합됐다. 그리고 지난 1991년

예술이 좋아 떠나는 유럽

오렌지 빛 고깔을 눌러쓴 톰페아 성벽

소련이 해체되면서 탈린을 비롯한 발트 3국도 드디어 독립을 맞았다. 톰페아 언덕에 올라가면 에스토니아 정부 청사, 총리 집무실과 함께 러시아 정교회의 알렉산드르 넵스키 성당이 떡하니 버티고 있는데, 러시아 특유의 건축 양식이 돋보이는 아름다운 성당이지만 에스토니아 사람들에게는 뼈아픈 역사를 보여주는 굴욕의 상징이기도 하다.

탈린 올드타운 데이

　　오렌지 빛 고깔을 눌러쓴 탑을 따라 성벽 안으로 들어가면 800년 전
으로 시간을 거슬러 올라가게 된다. 굽이굽이 큼지막한 돌길이 미로처
럼 시청 광장으로 이어지고, 귀티 나게 자리 잡은 건물들은 물감에서 예
쁜 색만 골라 칠해놓은 듯 사랑스럽다. 특히 광장 주변은 마치 파티에 초
대된 귀족들처럼 형형색색의 고운 자태를 뽐내고 있는데, 독특한 창문
이며 간판은 귀부인의 액세서리처럼 돋보인다. 골목골목 자리한 노천카

시청 광장의 귀부인 같은 건물들

예술이 좋아 떠나는 유럽

페와 레스토랑, 독특한 물건이 가득한 상점들은 크림색 돌바닥과 어우러져 모두 엽서로 찍어내고 싶을 정도다. 덕분에 이 작은 도시에는 연중 수많은 관광객들이 찾아들고, 그만큼 다양한 이벤트가 열린다.

6월 초 일주일 동안 진행되는 '탈린 올드타운 데이'는 구시가의 매력을 가장 잘 접할 수 있는 축제다. 1982년에 시작된 이 페스티벌은 탈린 시민들에게 여름의 시작을 알리는 동시에 올드타운의 역사와 문화적인 가치를 소개하기 위해 만들어졌다. 매해 슬로건이 있는데, 2013년은 '올드타운의 살아 있는 거리들 The Living Streets of the Old Town'이었다.

올드타운에는 대부분 자동차가 다니지 않는다. 덕분에 사람들은 한가롭게 돌길을 걸으며 많은 시간을 이곳에서 보낸다. 수많은 퍼포먼스가 펼쳐지는 것도 같은 이유인데, 그런 면에서 올드타운의 거리들은 사람과 시간, 문화를 이어주는 다리 역할을 톡톡히 하고 있는 셈이다.

탈린 올드타운 데이는 매일 다른 테마로 진행된다. 시어터와 뮤직 데이에는 공연장은 물론 골목 곳곳에서 배우들과 뮤지션들의 퍼포먼스를 즐길 수 있고, 중세 기사의 날에는 칼싸움이나 말타기 등을 겨루는 대회가 열리기도 한다. 시청 광장에 마련된 야외무대에서는 밤까지 다양한 공연이 펼쳐지고, 거리 곳곳에 탈린의 전통 수공예품을 판매하는 좌판이 들어서는가 하면 중세 복장을 한 할머니들이 돌담 사이로 모습을 드러낸다. 여름을 알리는 시기라 세찬 소나기가 쏟아질 때도 많은데, 비가 그치고 말간 하늘이 나타나면 어디론가 흩어졌던 사람들이 삽시간에 골

목길을 메운다. 어느 공터에서는 군악대의 연주가 우렁차게 퍼지고, 어느 작은 돌계단에서는 통기타를 든 중년의 남성들이 구슬픈 가락으로 여행객들의 발길을 잡는다. 나는 지금 어디에 있는 것일까?!

IT 강자 탈린의 매력은 느긋함

자유광장을 통해 신시가지로 나서면 탈린의 오늘이 보인다. 잔디에 누워 일광욕을 하거나 롤러블레이드를 타며 자유를 만끽하는 현지의 젊은이들, 번화한 거리와 화려한 쇼핑몰. 시간이 멈춘 듯 보이지만, 에스토니아는 IT와 사이버 보안 분야에서 명성이 높다. 2013년 1인당 GDP는 2만 달러에 육박한다. 이것도 과거의 뼈아픈 역사와 연관이 있는데, 수학과 암호학에 두각을 보인 에스토니아는 소련 시절 암호학에 특화된 연구시설을 보유하고 있었다고 한다. 1960년대에 이미 컴퓨터공학 연구소가 있을 정도였다. 독립 이후 빈곤을 면치 못했던 에스토니아는 소련 시절 입지를 다진 IT기술을 보강하면서 경제력을 키워온 셈이다(그 덕분인지 탈린 시내 주요 호텔과 식당은 물론이고 올드타운의 시청 광장에서도 와이파이가 잡힌다).

물론 여행객에게 탈린의 매력은 빠름이 아니라 느림이다. 느림이라기보다는 느긋함이라는 말이 맞겠다. 나는 중앙역 뒤편에 있는 정류장에서 여러 번 트램을 탔는데, 시골 간이역 같은 곳에서 낡고 몽땅한 트램이 오가는 풍경이 마치 옛날 영화를 찍고 있는 것 같다(그 트램을 타고 성벽

탈린의 몽땅한 트램, 여기에 돈을 넣고 밀면 된다!

주위를 도는 기분은 어떻겠는가).

트램의 더 큰 매력은 내부에 있다. 처음 트램에 올라섰을 때는 무척 당황했다. 분명히 현금 승차가 가능하다고 했는데 아무리 봐도 돈을 넣을 만한 장치가 없었다. 운전석이 승객들이 있는 곳과 완벽하게 분리돼 있어서 기사에게 물어볼 수도 없는 구조다. 동양인은 흔치 않은지 선뜻 도와주는 사람도 없다. 할 수 없이 숨을 가다듬고 운전석 쪽 벽면을 열심히 훑었더니 허리춤에 입을 열고 있는 손바닥만 한 통이 보인다. 퍼즐의 실마리를 찾았다. 거기에 돈을 넣고 그 통을 운전석 쪽으로 밀었더니, 운전기사가 티켓과 거스름돈을 담아 내 쪽으로 밀어주었다. 21세기에 이런 원시적인 시스템이 남아 있다니!

중앙역 뒤편에는 매일 장이 서는데 없는 것 빼고는 참으로 다채로운 것들을 판다. 당연한 일이지만 물건을 파는 할머니들과는 전혀 말이 통하지 않는다. 그래도 거래는 얼마든지 가능하다. 빵과 과일을 집어들고 손에 있는 동전을 보이면 할머니들은 가격을 확인하고 잔돈을 다시 내 손바닥 위에 올려놓는다. 그리고 함께 스마일.

여기저기 푸르른 공원도 탈린의 매력을 더한다. 톰페아 성벽을 따라

예술이 좋아 떠나는 유럽

따라 눕고 싶잖아!

운치 있게 조성된 호수, 오색찬란한 꽃나무 사이로 뿜어져 나오는 분수, 그 곁을 느긋하게 거니는 사람들. 나는 올드타운에서 시간여행을 마치면 무슨 통과의례처럼 공원을 산책하며 다시 태엽을 감곤 했다.

신시가지에 있는 오페라하우스에서 놀다 해가 한낮의 강렬함을 잃을 때쯤 톰페아 언덕에 다시 올라가본다. 돌길을 따라 골목을 헤매고 다녀도, 하루 종일 돌계단을 오르내리며 구석구석을 누벼도 지루할 틈을 허락하지 않는 탈린의 올드타운. 그렇게 힘들었다며 어떻게 저렇게 아름다운 모습을 간직할 수 있었을까? 용케도 역사의 소용돌이와 세월의 눈을 피해 조용히 돌담 안에 숨어 있는 이 어여쁜 마을이 기특하다. 어떡하

지? 구시가를 걷고 공원을 산책하고 한없는 평온함에 젖어, 바삐 움직여

야 하는 나는 자꾸만 시계를 멈추고 있다.

연중 다채로운 무대가 마련되는 탈린 국립 오페라하우스

예술이 좋아 떠나는 유럽

라트비아 리가로

탈린에서 느긋함에 취해 며칠간 여행 일정을 내팽개친 나는 겨우 정신을 차리고 라트비아의 수도 리가로 가고 있다. 발트 3국에서 국경을 넘을 때 가장 활발한 교통수단은 버스다. 유럽 여행 하면 대륙을 가로지르는 기차의 낭만이나 기차보다 훨씬 저렴하게 이동할 수 있는 저가항공의 편리함을 떠올리겠지만, 이곳에서는 단연 버스가 일등공신이다.

옛 소련 국가들은 철로의 폭이 다른 나라와 달랐다고 한다. 그래서 유럽 대륙을 누비던 기차들은 발트 3국으로 들어설 때 마치 여권을 검사하듯 기차를 세우고 바퀴를 갈아 끼워야 했다. 여전히 철로 설비가 미비한 이들 나라에서는 자연스레 대체 교통수단이 발달했고, 유로라인과 에코라인 등의 국제버스가 거미줄처럼 유럽의 주요 도시를 연결하고 있다. 유럽의 국제버스는 우리와는 꽤 다른 모습인데, 일단 장거리 노선이 많기 때문에 버스 안에 화장실이 있고 2층으로 구성된 버스가 많다. 또 차체 아래가 아니라 뒤편에 블록을 쌓듯 승객의 가방을 올리기도 한다. 최근에 생긴 고급 버스 Lux Express 는 좌석도 안락한 데다 개인용 모니터도 있고 식사도 제공된다고 하는데, 나라면 시설이 아무리 좋아도 1박 2일 동안 버스를 타지는 못할 것 같다.

탈린에서 리가까지는 5시간이면 이동이 가능하기에 에코라인을 탔다. 인기 노선인지 버스에는 빈자리가 없다. 창밖으로 줄곧 보이는 빽빽한 침엽수림은 버스 안에 있는 나만큼이나 낯설다.

호텔에 짐을 푼 후 환전소에 들렀다. 2014년부터는 라트비아도 유로를 사용한다고 하니, 내게는 라트를 써보는 처음이자 마지막 기회다. 라트를 들고 이번에는 너무도 익숙한 맥도날드에 간다. 나라를 계속 이동하다 보면 세계 어느 곳에서나 같은 맛을 느낄 수 있는 맥도날드 햄버거가 마치 엄마 밥처럼 느껴진다. 그리고 어느 순간부터 햄버거와 커피, 그리고 대형 마트에서 구입하는 초코바가 해당 지역 물가의 척도가 됐다.

그렇다면 리가의 물가는 어느 정도일까? 돌이켜 보니 리가에서 샀던 똑같은 초코바를 오슬로에서는 같은 브랜드의 마트인데도 세 배 넘게 주고 샀던 것 같다. 이렇게 물가가 크게 차이 나는 국가를 연달아 여행하면 생기는 폐단이 있다. 물가가 비싼 곳을 먼저 여행하고 상대적으로 싼 곳에 오면 마치 백화점 세일 때처럼 돈을 펑펑 쓰게 되고, 반대로 저렴한 곳을 여행한 뒤 비싼 곳을 가게 되면 겁을 먹고 아무것도 못하게 된다는 점이다. 참고로 발트 3국의 물가는 에스토니아, 라트비아, 리투아니아 순으로 높다고 보면 된다.

여기는 리가

호텔에서 얻은 지도에는 공부 잘하는 아이의 요약 노트처럼 명확하고 간단하게 리가의 볼거리가 소개돼 있다. 나는 여느 때처럼 오페라하우스부터 찾았다. 리가는 탈린보다 크고 도시적이다. 고풍스러운 건물들 사이로 트램이 지나가는 모습은 유럽의 다른 도시와 별반 다르지 않지만, 그곳을 메운 상점과 사람들의 모습이 세련되고 속도도 빠르다고 할까? 도시적이고 인공적이면서 그래서 깔끔하고 정돈된 느낌이다.

공원 사이로 순백의 아름다운 건물이 보인다. 잘 꾸며진 정원과 시원한 분수, 그리고 오후의 여유를 즐기는 사람들. 도심 한가운데 있는 오페라하우스와 주변 환경이 이렇게 멋진 조화를 이루다니. 때마침 이곳에서는 오페라 축제가 열리고 있다. 티켓을 예매하지 못한 나는 곧장 티켓 부스로 달려갔다.

"티켓은 이미 매진됐어. 하지만 30분 뒤부터 입석표를 판매할 거야." 인자한 할머니 같은 직원은 어떻게든 공연을 보고 싶은 내 마음을 읽었는지 부연 설명을 해준다. 정확히 30분 뒤에 다시 나타났을 때는 눈썹을 치켜세우며 웃어준다. 표를 살 수 있다는 표시다.

리가의 오페라 축제는 1998년에 시작됐다. 매해 6월 초에 열흘 정도 진행되는데, 라트비아 국립 오페라단의 한 해 시즌이 끝나면 그 가운데 가장 사랑받았던 작품들을 다시 무대에 올린다. 2013년은 베르디와 바그너 탄생 200주년을 맞아 세계의 오페라극장들이 두 거장의 작품을 주요 레퍼토리로 삼았는데 리가도 예외는 아니다.

특히 바그너는 과거 리가의 오페라극장에서 음악감독을 역임했던 만큼 이번 오페라 축제에서는 바그너의 대작 〈니벨룽의 반지〉를 나흘에 걸쳐 무대에 올렸다. 이 작품은 바그너가 1876년에 완성한 악극으로, '라

오페라 페스티벌이 한창인 리가 국립 오페라하우스

인의 황금', '발퀴레', '지크프리트', '신들의 황혼' 등 총 4부작을 상연하는 데만 17시간이 걸린다 <u>바그너는 이 작품을 공연하기 위해 독일 바이로이트에 그 유명한 축제 극장을 세웠다</u>. 무대를 만드는 사람은 물론이고 지켜보는 사람도 쉽지 않은 도전이다.

그런데 리가에서는 〈니벨룽의 반지〉가 공연되고 있고, 모두 매진이다. 그냥 지나치는 도시로 생각했던 리가에서 허를 찔린 기분이다. 탈린은 물론 리가의 오페라하우스도 100년 이상의 역사를 자랑하는데, 새로운 시즌을 앞둔 7~8월을 제외하고는 연중 다양한 오페라와 발레, 콘서트로 무대를 채운다. 아름다운 외관과 달리 극장 안은 아담하고 소박한 편이지만, 풍부한 레퍼토리와 저렴한 티켓 가격에는 놀랄 수밖에 없다.

이렇게 〈니벨룽의 반지〉를 보게 되다니! 앞서 말했듯 이 작품은 보고 싶다고 아무데서나 볼 수 있는 공연이 아니다. 나는 4부작 가운데 '발퀴레'를 보게 됐는데, 이게 웬일인가? 1막의 중반이 지나면서 갖가지 이유들이 내 머릿속을 점령했다. 천 석 규모의 오디토리움이 조금 답답하기도 하고(5시간 동안 버스에 갇혀 있었던 영향인 것 같다), 어차피 작품의 한 토막을 보는 것이 무슨 의미가 있을까도 싶고(나흘 공연을 모두 볼 수는 없는 상황이다), 리가라는 도시가 궁금하기도 하고(어쨌든 〈니벨룽의 반지〉는 다시 볼 수 있지만, 리가는 마지막일 수도 있지 않겠는가)······. 1막이 끝나자 나는 과감히 '땡땡이'를 치고 극장 밖으로 나왔다. 그래, 이 여행은 일도 아니고 숙제도 아니다!

다행히 골목 곳곳에서 무척 흥미로운 볼거리를 만날 수 있었다. 먼저 그림 형제의 동화 《브레멘 음악대》에 등장하는 주인공들이다. 왜 리가에 이 조각이 있을까?

리가는 13세기 독일 브레멘의 대주교가 찾아오면서 공식적인 역사가 시작됐다고 할 수 있다. 발트해 연안의 해상교역이 활발해지면서 독일의 무역 거점이 되었다. 이후 발트 3국은 자연스레 독일의 영향을 많이 받았고 <u>이곳에 거주했던 독일인들을 특별히 '발트 독일인'이라고 불렀다</u>, 발트 독일인과 중세 상인들이 건설한 건물은 리가의 가장 큰 볼거리이기도 하다.

대표적인 건물은 시청 광장에 있는 검은머리 전당. 화려하기가 이루 말할 수 없는데, 과거 무역 조합인 검은머리 길드의 상인들이 리가에 머무는 동안 여관이나 연회 장소로 사용했던 곳이다.

골목을 따라 걷다 보면 삼형제 건물도 있는데, 15세기부터 18세기까지 지어진 집 세 채가 나란히 서 있어 붙여진 이름이다. 오른쪽 건물이 15세기에 세워진 가장 맏형, 왼편으로 갈수록 나이가 한 세기씩 젊어진다(탈린에는 이와 비교할 만한 세 자매 건물이 있다. 이름도 참 재밌게 지었다).

리가 도심에서 발견한 브레멘 음악대

검은머리 전당, 이보다 화려한 건물이 있을까?

한 세기 터울의 삼형제 건물

리가의 거리는 무척 화려하다. 19세기 말부터 집중적으로 건설된 아르누보 양식의 건물들이 줄지어 있기 때문이다. 아르누보(영어로는 모던 스타일, 독일어로는 유겐트 양식)는 꽃이나 담쟁이 잎 등을 모티프로 유럽적인 소재는 물론이고 이집트, 이슬람 등 다양한 요소들을 과감히 차용했는데, 우아한 곡선과 화려한 장식이 가장 두드러진다.

리가의 거리를 활보하고 있자니 불현듯 첼리스트 미샤 마이스키가 떠오른다. 리가는 그의 고향이다. 물론 미샤 마이스키는 유대계이고 음악 공부는 주로 러시아에서 했다. 이스라엘로 망명한 가족 때문에 20대에 강제수용소에 감금된 후에는 그도 미국으로 망명했으므로 겨우 유년을 보냈던 곳이리라.

그런데도 어찌된 일인지 리가의 화려한 건물들을 보고 있자니 미샤 마이스키의 현란한 연주와 딱 맞아떨어지는 느낌이다. 비록 그에게는 유년의 기억밖에 없겠지만, 리가의 이 멋스러움이 그의 화려한 기교에 영향을 미쳤을 것 같다고 우겨본다.

그리고 보니 영화 〈백야〉의 미하일 바리시니코프도 리가 출신이니까 이곳에서 처음 발레를 배웠겠구나! 중앙역을 비롯해 도심 곳곳에서 만나는 리가의 문화행사들이 예사롭지 않게 느껴진다.

예술이 좋아 떠나는 유럽

날이 밝자 일찌감치 버스터미널로 달려갔다. 말이 안 통해서 창구에 있는 아주머니와 옥신각신하다 샤울리아이로 가는 버스표는 국제선 창구에서 예매한다는 걸 알게 됐다. 그렇지, 샤울리아이는 리투아니아니까.

나는 리투아니아에 있는 '십자가의 언덕'을 향해 가고 있다(리투아니아의 수도는 빌뉴스이지만 십자가의 언덕은 라트비아 리가에서 더 가깝다). 이번에는 공연을 보러 가는 것이 아니라, 내가 퍼포먼스를 하러 간다고 할 수 있다. 발트 3국은 자동차로 여행하는 게 편하지만, 자동으로 운전하는 차가 나오기를 기다리는 나로서는 리가에서 샤울리아이까지 대중교통을 이용해야 하는데, 이게 이만저만 복잡한 것이 아니다. 일단 국제선이라서 차편이 많지 않고, 샤울리아이 버스터미널에서도 지역 버스를 타고 30분 정도 더 들어가야 하기 때문에 길을 잃거나 시간 계산을 잘못하면 리가로 돌아오는 버스를 놓치게 된다. 게다가 리투아니아 역시 고유의 화폐를 사용하고 있어 환전도 고려해야 한다. 그래서 결단을 내렸다.

두 시간을 달려 샤울리아이에 도착하자 곧바로 택시 정류장으로 갔다.

"십자가의 언덕 갈 수 있어요?"

이런, 영어가 안 통한다. 나는 종이에 십자가 몇 개를 그려 넣었다. 택시기사가 오케이라며 무슨 말을 하는데 도통 알아들을 수가 없다. 다시 주머니에서 유로를 꺼내 들었다. 택시기사는 이번에도 오케이라며 종이

십자가의 언덕, 저 푸른 들판에 이 무슨 비현실적인 그림일까?

에 35를 적는다. 흥정 돌입. 나는 볼펜을 뺏어들고 단호하게 30을 적었다. 택시기사가 문을 열어준다. 계약 체결. 그래, 돈은 이럴 때 쓰라고 그렇게도 열심히 일했던 거다.

도심을 벗어난 택시는 생전 처음 와보는 리투아니아의 외진 들판을 달리고 있다. 말 한마디 통하지 않는 낯선 아저씨와 낡은 택시. 돌다리를 두들겨보고도 건너지 않는 내가 이렇게 무모할 수 있었던 것은 십자가의 언덕에 꼭 가고 싶었기 때문이다.

리투아니아는 과거 러시아의 지배에서 벗어나기 위해 여러 차례 봉기를 일으켰는데 번번이 실패하고 수많은 희생자만 남았다. 시신을 일일이 수습할 수 없었던 유족들은 이 언덕에 십자가를 세우고 고인의 넋

예술이 좋아 떠나는 유럽

을 위로했다. 그 뒤 러시아의 지배가 이어지면서 이곳은 희생자들은 물론 그들의 나라와 평화를 위해 기도하는 상징적인 장소가 되었다. 소비에트 연방 시절에는 십자가를 저항의 표시로 여긴 소련 정부가 여러 차례 불도저로 밀어버렸지만 시간이 지나면 또다시 여기저기에 십자가들이 세워졌다고 한다.

이제 가톨릭 성지가 된 이곳에는 연중 수많은 신자와 관광객들이 찾아들고, 각자의 소망을 담은 십자가를 세우고 있다. 그 수가 10만 개에 달한다. 나도 그곳에 십자가를 세우고 싶었다. 일종의 고해의식이라고 할까.

여기는 십자가의 언덕

아, 저기 정말 십자가로 둘러싸인 언덕이 보인다. 저 푸른 들판에 이 무슨 비현실적인 그림일까? 입이 떡 벌어진다. 이내 뭔지 모를 숙연한 마음이 밀려온다. 왠지 용서를 구하면 영혼을 갉아먹던 오랜 죄도 사하여질 것 같다. 정신을 빼놓고 있는 사이 택시기사가 종이에 45라고 써서 보여준다. 45분 안에 돌아오라는 말인가? 나는 단호하게 60이라고 쓰고 택시 밖으로 나왔다(아저씨는 예상했다는 듯 별 대꾸가 없다).

입구에는 다양한 모양의 십자가들이 여행객의 주머니가 열리기를 기다리고 있다. 하지만 나에게는 아주 오랫동안 간직하고 있는 십자가가 있었다. 그 십자가를 품고 길을 따라 십자가 더미 안으로 파고든다. 처음에는 마치 취재라도 하는 것처럼 언덕을 둘러보았다. 계단을 오르내리고, 다양한 각도에서 사진도 찍어보고, 또 다른 십자가를 세우는 사람들의 모습도 한참을 보았다. 이 사람들은 어떤 소망을 안고 여기까지 왔을까? 그 바람은 정말 하늘에 닿는 것일까? 하지만 그때까지도 정작 나의 십자가는 꺼내지 못했다. 어쩌면 애써 외면했는지도 모르겠다.

나의 십자가는 내 마음 안에 있다. 신은 그 사람이 이겨낼 수 있는 시련만 주신다고 하는데, 이제껏 그 고통을 품고 온 걸 보면 아주 틀린 말은 아닌가 보다. 나는 오래전에 신과 내기를 했다, 건방지게도. 턱을 치켜세우고 두 눈을 부릅뜨고 세상 끝 날까지 내 뜻을 굽히지 않겠다고 말이다. 그 마음 하나를 놓지 못하고 대신 다른 모든 것을 놓아버렸다. 덕분에 물길을 걷는 사람처럼 항상 발이 첨벙첨벙 빠져 한순간도 쉴 수가

없었다. 가난해진 마음을 쥐어뜯으며 제발 이 십자가를 거둬가라고 울부짖었는데, 언젠가부터 그런 생각이 들었다. 십자가로 생각했던 이 마음을 내려놓는 게 내게 주어진 진정한 십자가가 아닐까?

마음 안의 십자가를 바라봤더니 이내 다리 힘이 풀린다. 의자를 찾아내 앉아 있는데 어디에선가 청아한 노랫소리가 들려왔다. 하늘은 맑고 들판은 푸르고 10만 개의 십자가들은 바람에 흔들리며 반짝거린다. 나를 지키겠다고 고집스럽게 덕지덕지 덧댄 응어리들이 이 비현실적인 공간에서 와르르 무너지고 있다.

60분을 채우고 택시로 돌아갔다. 기사 아저씨는 말개진 내 얼굴을 한 번 쳐다보고 '오케이?'라고 물어본다. Everything is okay. 모두 좋아. 뜻대로 되지 않았지만, 모든 지나간 일에는 그 나름의 이유가 있겠지. 이제 힘들었던 물음은 이 언덕에 봉인하고 나는 새로운 꿈을 꿀 테다. 그렇게 살아가길 간절히 바란다. 샤울리아이 버스터미널이 보인다. 택시기사에게 약속한 30유로를 건네고 웃으며 손을 흔들어 보였다. 기사 아저씨도 멋쩍어 하며 오른손을 들어 보인다. 이제 다시 리가로 돌아가야지! 그리고 또 어딘가로 비행기를 타고 이동할 테고, 나의 알 수 없는 여행은 그렇게 이어질 것이다.

관광객에게는 그저 동화처럼 아름답고 예쁘기만 한 이들 나라에 실은 숱한 수난의 역사가 있다는 게 아이러니하다. 수많은 명소와 문화가 결국 열강의 지배와 그것에 저항해온 흔적이지 않은가. 그런데 그 지나간 시간과 시련들은 지금 발트 3국을 더욱 빛나게 하고 있다. 참 알 수 없는

예술이 좋아 떠나는 유럽

세상이다.

불현듯 《결혼 3년》에서 안톤 체호프가 했던 말이 떠오른다.

"앞으로도 13년, 아니 30년은 더 살아야겠지. 미래에는 또 무언가가 우리를 기다리고 있을 테지. 그것이 무엇인지는 살다 보면 알겠지."

그래서 우리의 남은 날들도 기대할 수 있는 것일까.

탈린 오페라하우스
홈페이지: http://www.opera.ee/en

탈린 올드타운 데이: 민속축제 중심의 다채로운 이벤트
홈페이지: www.vanalinnapaevad.ee
개최 시기: 매해 6월 초 일주일
개최지: 에스토니아 탈린
찾아가는 법: 탈린 국제공항. 또는 헬싱키나 스톡홀름에서 페리로도 이동 가능
특징: 매일 다른 테마로 올드타운 실내외 다양한 장소에서 진행된다.

리가 오페라 페스티벌: 오페라 축제
홈페이지: http://www.opera.lv/en/festival
개최 시기: 매해 6월 초 열흘 정도
개최지: 라트비아 리가
찾아가는 법: 리가 국제공항. 또는 탈린에서 버스로 5시간 정도 이동
특징: 라트비아 국립 오페라단의 전년 시즌 중 인기 레퍼토리로 구성된다.

긴 여행에서 돌아왔더니, 당연한 일이겠지만 두 살이 훅 늘었다. 꽤 오랫동안 시공時空의 차이를 극복하느라 시름시름 앓았고, 책에 매달렸더니 해가 바뀌고 계절도 막무가내로 지나쳐갔다. 그러는 사이 내가 유럽의 구석구석을 내달렸던 사실은 아득한 꿈처럼 멀어졌다. 그런데 언젠가부터 내 메일함으로 유럽에서 편지들이 날아오기 시작했다.

"하정, 이번 축제에서는 모차르트의 오페라를 볼 수 있을 거야!"

"하정, 우리 비행기는 5파운드부터 너를 기다리고 있어!"

"하정, 오슬로의 반값 호텔을 놓치지 말라고!"

각종 축제와 호텔, 항공사들은 친히 내 이름까지 붙여서 메일을 보내왔다. 후훗, 웃음이 났다. 어쩌면 그들만이 내가 하늘을 달렸다는 사실을, 내가 그곳에 있었음을 기억하는 것 같다.

책을 쓰면서 떠올려 보니 비행기를 두 번이나 갈아타고 어렵게 찾아갔는데 폭우로 사흘 내 축제가 취소됐던 독일의 한 도시, 일찌감치 티켓이 매진돼서 암표를 희망하며 찾아갔다 끝내 들어서지 못했던 네덜란드의 재즈 페스티벌, 다시 제대로, 한 번쯤은 즐겨야만 글을 쓸 수 있을 것 같은 벨기에의 록 페스티벌, 한 번쯤은 만나기를 간절히 바랐으나 기묘하게 빗겨가서 애를 태우던 인기 팝스타들의 투어 일정이 생각난다. 이런 아쉬운 마음들은 또다시 나를 떠나게 할까?

수많은 친구들의 도움이 없었다면 나의 여행도, 이 책도 엮어내지 못했을 것이다. Thanks to Michael, Anna, Helen, MJ, Yukiko, Maria, Enrico. 영준아, 선정아, 예진 언니, 미선 씨, 수경아 고마워! 희경이, 경미도. 경자 언니, 경숙 언니, 정지은, 차민주, 한승연 씨도 고마워요. 내가 하늘을 달릴 수 있도록 언제나 든든하게 지상세계를 지키고 있는 가족들과 어김없이 나를 지지하고 응원하는 오랜 친구들, 나의 모든 투덜거림에도 아랑곳하지 않고 곁에 계시는 하느님, 그리고 이제 너에게 또 한 번 '씩' 웃어 보인다.

노르웨이
베르겐
오슬로
스톡홀름
스웨덴
덴마크
영국
벨기에
독일
체코
프랑스
스위스
오스트리아
이탈리아
흐바르
포르투갈
스페인

핀란드
러시아
탈린
상트페테르부르크
리가
라트비아
샤울리아아
리투아니아
란드
가리
니크